2003 KOREAN INTERIOR ANNUAL

韩国室内设计年鉴 1

编 著：PLUS（韩 国） 翻 译：石 桦 崔月仙

辽宁科学技术出版社

图书在版编目(CIP)数据

2003韩国室内设计年鉴(1.2) /PLUS(韩国)编著；石桦，崔月仙翻译．—沈阳：辽宁科学技术出版社，2004.3
ISBN 7-5381-4144-8

Ⅰ.2… Ⅱ.①P…②石…③崔… Ⅲ.室内设计-韩国-2003-年鉴 Ⅳ.TU238-54

中国版本图书馆CIP数据核字(2004)第010243号

出版发行：辽宁科学技术出版社
（地址：沈阳市和平区十一纬路25号 邮编：110003）
印 刷 者：利丰雅高印刷(深圳)有限公司
发 行 者：各地新华书店
幅面尺寸：225mm × 295mm
印 张：29.5
字 数：330千字
印 数：1～3000
出版时间：2004年3月第1版
印刷时间：2004年3月第1次印刷
责任编辑：袁 鸣
封面设计：蔡 勇
版式设计：袁 舒
责任校对：姚喜莱 张 敏

定 价：420.00元

联系电话：024-23284360
邮购电话：024-23284502 23284357
E-mail:lkzzb@mail.lnpgc.com.cn
http://www.lnkj.com.cn

目录Contents

居住空间

商业设施——销售

商业设施——餐厅

I N

KOREAN
TERIOR
A N N U A L

居住空间

贵族2

Noblesse 2

Kim Sung-eun
(株) Samo Architescts

汉南洞和梨泰院地区最为密集了面向外国人出租的建筑物，从土地收购到建筑房屋的目的也是为了给外国人出租而设计的，因此在整个设计过程中的因素都是迎合此日的而发展规划的。

它位于可观赏南山与汉江的秀丽风景的地段，还可望见南山公寓的全景，与邻近地带有6m以上的高差，感觉身处城楼，一楼的居民也能享到个人隐私的安全感。考虑到建筑物与周边环境的协调感，完美地去解答入住者与居民如何看待此建筑物，如何去品味、读懂它往往是设计者策划的基点，由此通过拉近视线距离，想表现所观望到的东西因远近距离而传达的不同感受。

那么，首先确定表面材料之后选定辅助材料在整体流线上进行设计呢还是首先抓住重点呢？这个选择总是带给设计师一种富于挑战性的快感。消除居住者对空间设计的陌生感，进而给居住者带来感性的休闲与视野的宽阔就足以构成本次设计的目的，而不去盲目地开发和改善环境……。

位　　置：汉城市中区新堂洞 432
地域、地区：一般居住区，地平线较高地区
地面面积：685.00m^2
建筑面积：404.13m^2
延 面 积：2232.22m^2
容 积 率：245.98%
规　　模：地下 1 层，地上 5 楼
构　　造：钢筋水泥
外部材料：石灰石、红橡木
内部材料：地面 – 地热 / 墙壁 – 石膏板上面贴墙壁纸
天棚 – 石膏板上面刷乳胶漆
结　　构：samu 结构技术咨询公司
执　　行：汉城 porin 咨询公司
施　　工：艺简综合建设（株）
家具设计：韩设计
设　　计：（株）Samo Architects

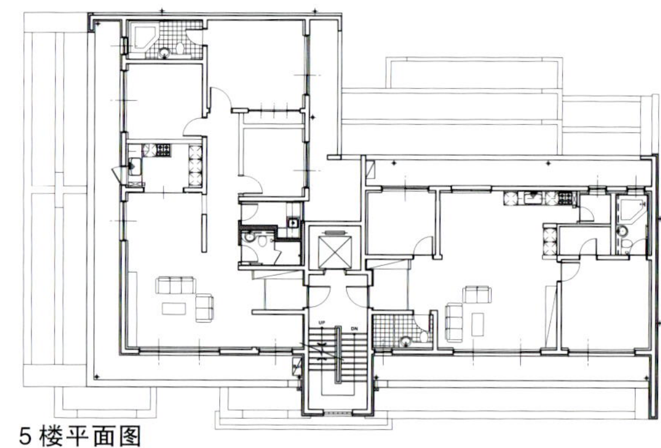

5 楼平面图

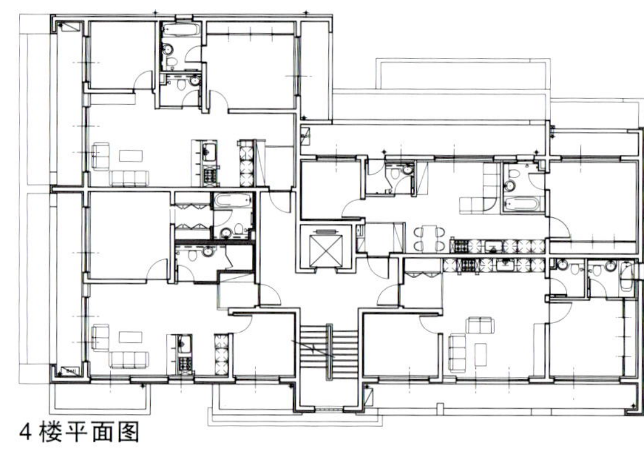

4 楼平面图

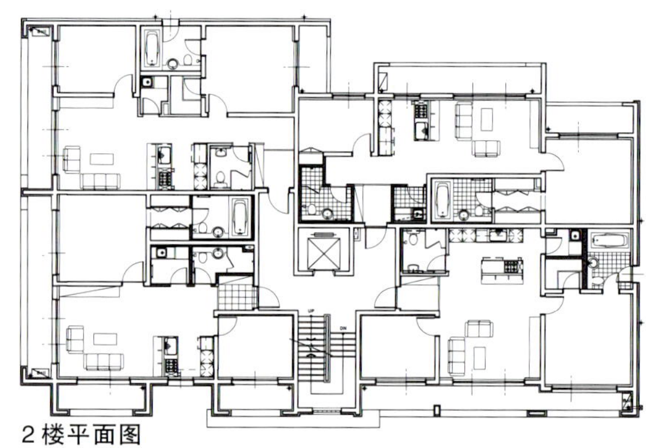

2 楼平面图

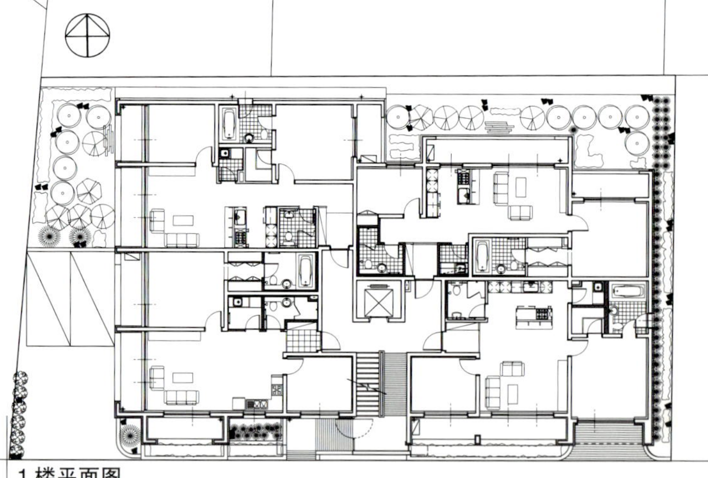

1 楼平面图

百现洞H氏住宅

Naekhyeon-dong House

Kim Sung-eun
（株）Samo Architescts

位于高尔夫球场附近的最佳风景区，但可展望高尔夫球场的面是西侧，无法轻易指定建筑物的建筑方向。并且在限定的建筑结构内如何有效利用空间，如何满足内部简洁风格与外部雄伟的风格成为另一个关键？刚开始决定面向南侧由一字形来设计，但放弃西侧高尔夫球场这一绝好的风景实在可惜。最后决定正四角形的设计方案，两侧的比率相同，通过调节窗户的大小同时满足西侧、南侧的优点。在平面设计上每个室内由中厅把开放性公共区域与私人空间明确划分却又相互连接，中厅作为组成空间的结构之一，既接近自然又富有人为的加工美感，其意义非常重要。

建筑物整体美感是通过从高尔夫球场和从道路拐进后可观望的角度来判断的。从高尔夫球场望去房顶是平坦的球道一样，如何让独有的形态与大自然相融呢？而且屏蔽西侧用露出的屋顶面与平面斜上的纸飞机形态的组合来确定内部空间比率。

从道路拐进时看见的平面作为“从喧嚣的都市走进大自然之门”的概念，把大自然气息与都市现代文化有效组合，演绎人为设计空间内的大自然风情。

室内设计充分发挥内部各空间的实用性，最大限度地把外部自然因素引用到内部，通过窗框来欣赏大自然。地下室作为音乐工作室，尊重居住者的生活环境，充分做好防时措施。

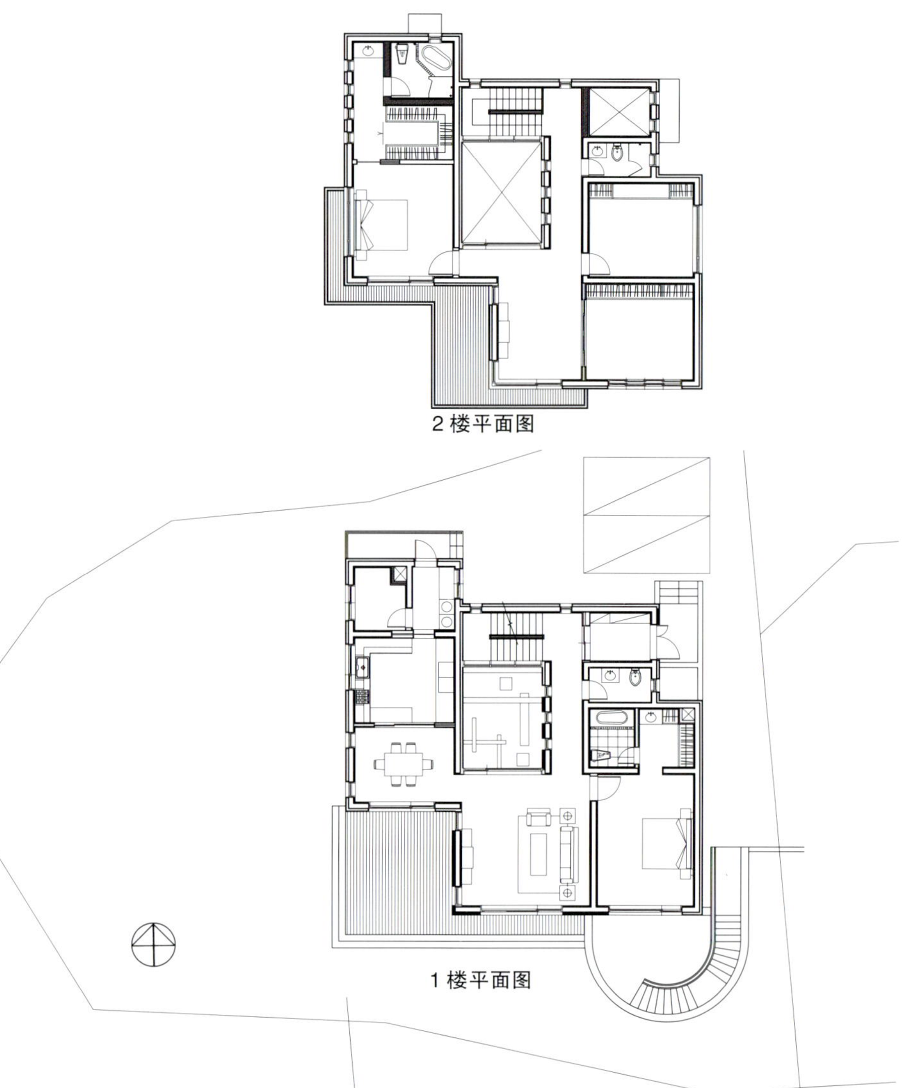

由于建筑物主充分理解了设计家追求的风格与方向，最终设计出了比较理想的空间。每当完成一部住宅设计时总下决心以后不再做住宅设计，但还是经不住诱惑，也许住宅建筑家的设计感觉是天生的。

位　　置：城南市粉堂区百现洞
地域、地区：绿地
地面面积：660.00m²
建筑面积：131.79m²
延 面 积：304.05m²
容 积 率：38.10%
规　　模：地下1层，地上2楼
构　　造：钢筋水泥
外部材料：砂石
内部材料：地面-地热/墙壁石膏板上面贴壁纸天棚-石膏板上面贴壁纸
结　　构：samu结构技术咨询
设　　备：光成建筑设备
电　　路：韩光电力
施　　工：艺简综合建设（株）
金　　属：东方金属
玻　　璃：第一玻璃
照　　明：现代照明
设　　计：（株）Samo Architects

第Ⅷ册——日山 P 住宅

VOLUME Ⅷ

Choi In-suk（株）

BeeChoo Architects.inc.

它位于日山新都市专用居住区内，后面道路距离35m，与前面道路距离8m的交界处，属于这一地区的末端。小区内大部分为木制房屋，只剩一小部分的地面空间，本建筑设计重点解决了离35m的后面道路噪音，克服67m²占地面积的局限性，面向左侧形成南面结构的问题上。

建筑乃生活背景

“墙”单纯作为事物背景，由于后面道路的噪音与客厅、餐厅、卧室的功能分配需要设计为“匸”的形状，由此形成的外部中庭，它与入口水平线相分开的界线，起到加强内外协调性的媒介作用，它作为在周边环境受保护的区域，餐厅和客厅都可以利用。中庭为了提高界限美感设计出水平线的差距，演绎丰富的视野角度。一楼的平面结构以中庭为中心，餐厅是西南方向设计，中庭与后院的绿地环境给做家务的主妇带来好的心情，由餐厅为中心设客厅、客卧、玄关，连接2楼的楼梯把客厅和餐厅、2楼的主卧与儿童房相隔开，这样内部各个功能厅形成一块一块的长篇系列，并且在每一个角度都形成独特的背景。

本建筑设计是给自己展示的一部情怀与情趣的陈述，像建筑主的心情一样能成为随季节的变化感受不同情怀的生活背景。

景观由百日红、红枫、白桦树等来设计。

位　　置：庆畿道高阳市日山区
地域、地区：第一种 专用居住区
主要用途：独楼
地面面积：216.80m²
建筑面积：108.00m²
外部材料：钢筋水泥
内部材料：地面－地热、大理石瓷砖
p墙纸－绸壁纸
天棚－乳胶漆
设计时间：2002.6 ~ 2002.9
施工时间：2002.10 ~ 2003.3
施工费用：400万韩币 /m²
设　　计：（株）BeeChoo Architects

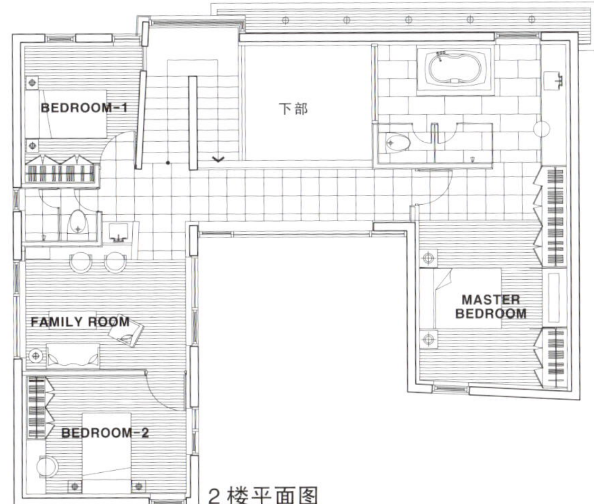

2楼平面图

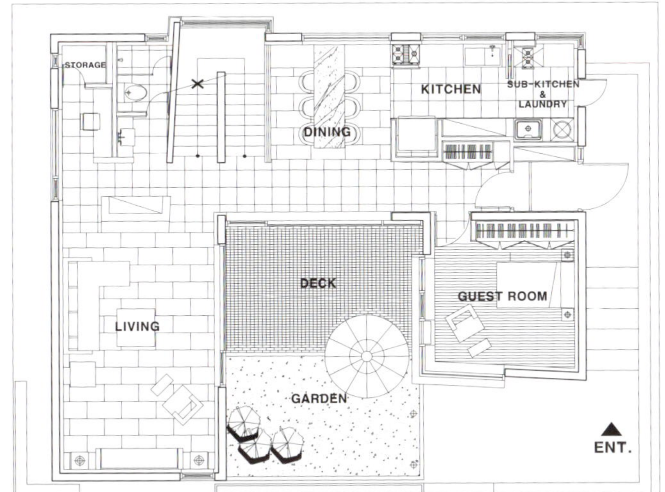

1楼平面图

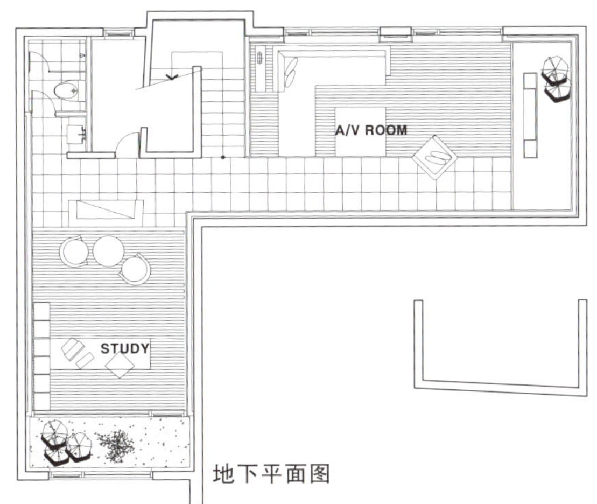

地下平面图

MAY——对外籍人员出租公寓

May

Ro Jeong-ho

ZIB Design Associates

位　　置：汉城市龙山区梨泰院洞
　　　　　124-12，15

主要用途：商住综合楼

地面面积：879m²

延 面 积：5,950.44m²

内部材料：地面－瓷砖、胡桃木
　　　　　墙壁－胡桃木、织物
　　　　　天棚－乳胶漆

设计、施工：ZIB Design Associates

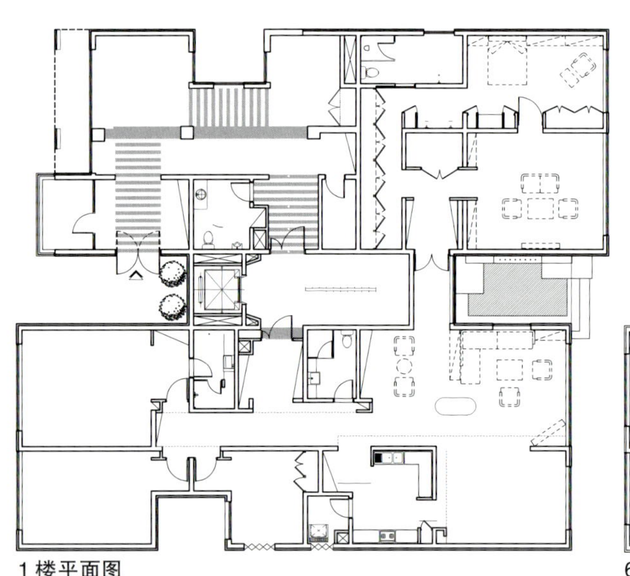

1楼平面图

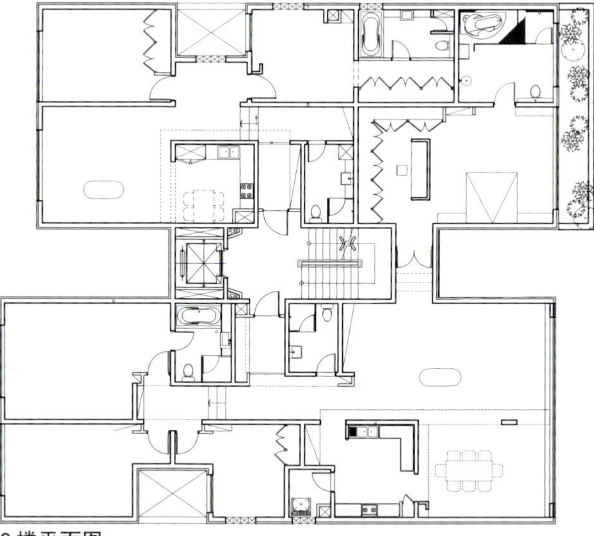

6楼平面图

本栏图片提供：卢正浩 摄影：金在润

综合别墅

Fusion

Ro Jeong-ho
ZIB Design Associates

位　　置：汉城市龙山区汉南洞UN别墅内
主要用途：几代人住宅
地面面积：352m²
延 面 积：767.82m²
内部材料：地面－实木板、抛光砖
墙壁－胡桃木、乳胶漆
天棚－乳胶漆
设计、施工：ZIB Design Associates

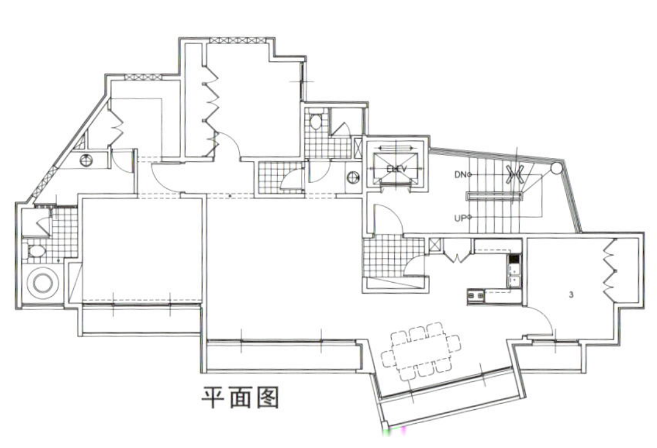

平面图

本栏图片提供：卢正浩

城北区J氏住宅

NSeongbuk-gu J'S HOUSE

Park Sung-chil
月家设计 MOONHAUS

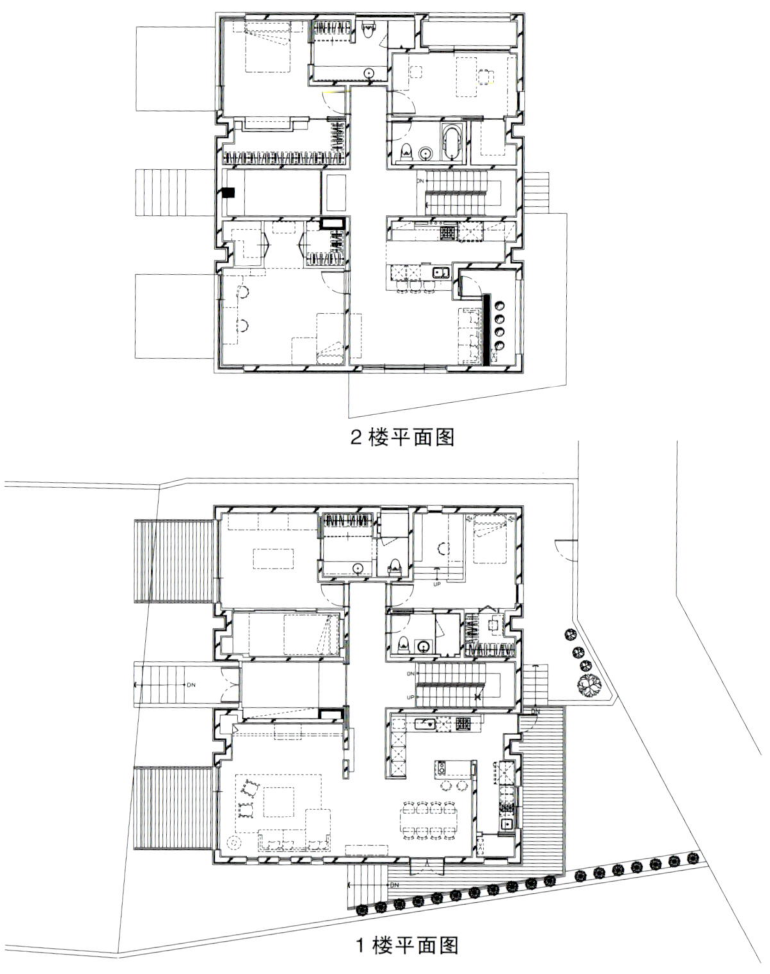

2楼平面图

1楼平面图

位　　置：汉城市城北区
用　　途：住宅
地面面积：355.7m²
延 面 积：379.4m²
外部材料：VM锌板
内部材料：地面－实木板、瓷砖
墙壁－涂料、条纹木、
天棚－涂料
施工时间：2002.2～2002.7
设计、施工、监督：月家设计

本栏图片提供：脒设计 摄影：郑太虎

日山公寓

ILSANZIP

Kwon Hyeok-tae
（株）Will international Design co., ltd.

本栏图片提供：（株）WillDe 摄影：郑太虎

有很多东西带在身上长久使用，虽然已破损或使用不方便也舍不得扔掉，因为无法用实用价值来衡量的感情蕴藏在里面。

房屋也如此，经自己的双手装饰、保养的房屋也总让人流连忘返。日山长恒洞一带的单独公寓小区一般结尾工程不够精细，多属过于华丽的住宅样板间之类的房子，生活在那里的人们就好像夹在陌生的空间里面，完全与地区环境、大自然相隔离，与生活习惯、性格完全无关，尽管如此人们还是舍不得离开。

我的设计特别重视居民们这种特殊的感情，建筑物主最大限度地接纳了设计者的构思，充分表现了“家”的实用性，把它设计成舒适、快乐的休息空间；给疲惫的身心进行再充电的温暖空间，克服空间已有的结构局限，实现了封闭与开放相辅相成的协调性。餐厅和客厅用不同的地面材料相区分，餐厅有些部分用墙壁形式的结构体现了其独立性，餐厅和厨房用墙面分开，墙面的门没有一点的装饰乍看是一面整体的墙。把台阶部分中央壁撤除后设一个玻璃隔断实现空间的扩充感。主卧床摆在中间再设一面墙来实现既独立、又开放的空间感。

总之，把不必要的装饰去掉，用“面”的形式区分和整理了每一个结构空间。

位　　置：庆畿道高阳市日山区长恒洞 793-8
用　　途：住宅
面　　积：1 楼 $-111.24m^2$ / 2 楼 $-114.12m^2$ / 3 楼 $-42.15m^2$
表面材料：地面－实木地板、天然大理石
墙壁－乳胶漆、壁纸、樱桃原木
天棚－乳胶漆、樱桃原木
设计时间：2001.6 ~ 2001.8
施工时间：2001.10 ~ 2002.1
设计、施工：（株）Will international Design co., ltd.

ceiling painting
inderected light
tv
speaker
wall painting
floor carpet

ceiling v.painting
dressroom
back case
bed room/back wall
floor carpet

ceiling painting
inderected light
tv
wall curtain
speaker
wall painting
DVD shelves
floor marble
LIVING ROOM PERSPECTIVE

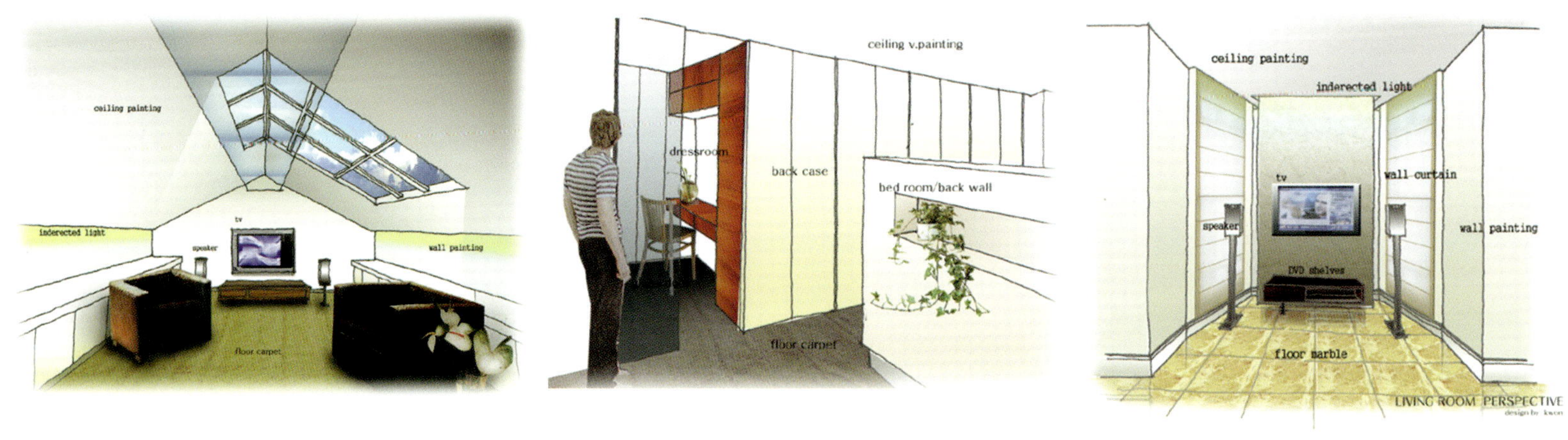

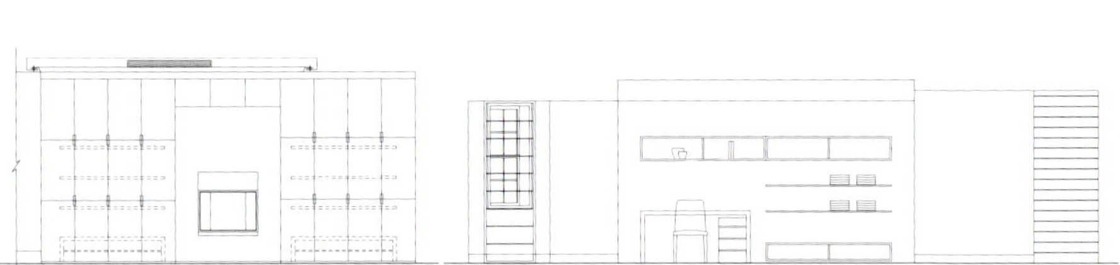

内部立面图

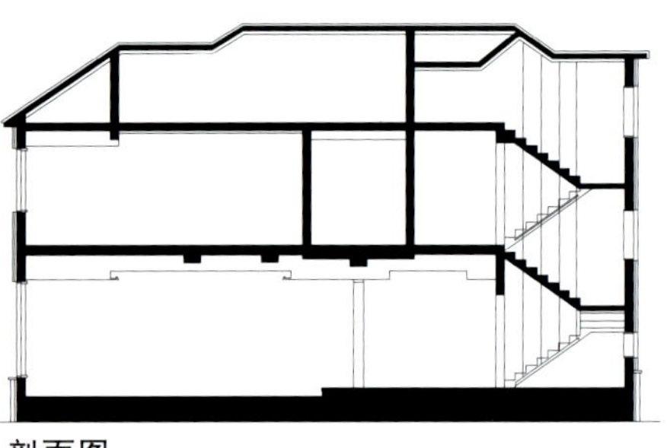

剖面图

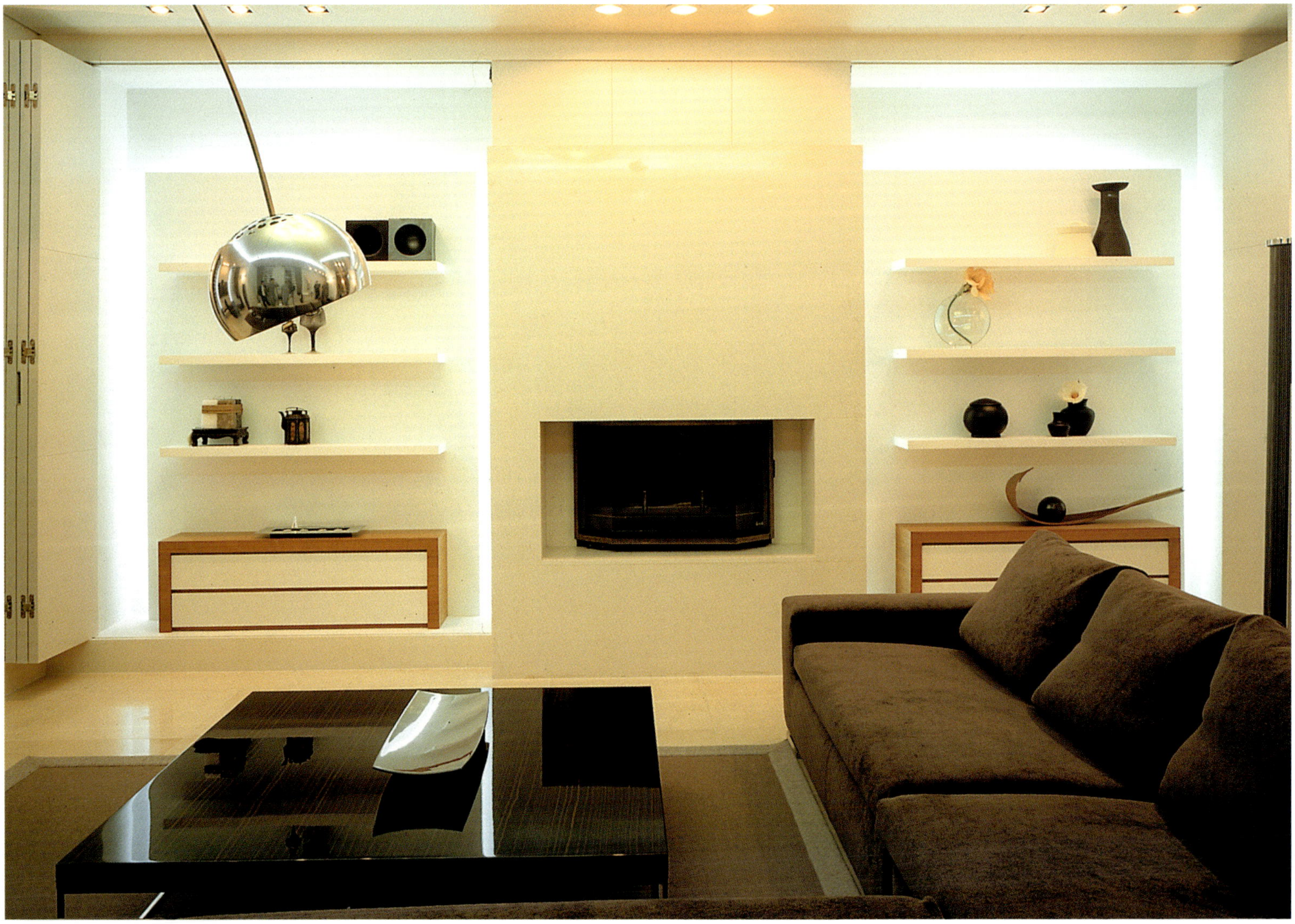

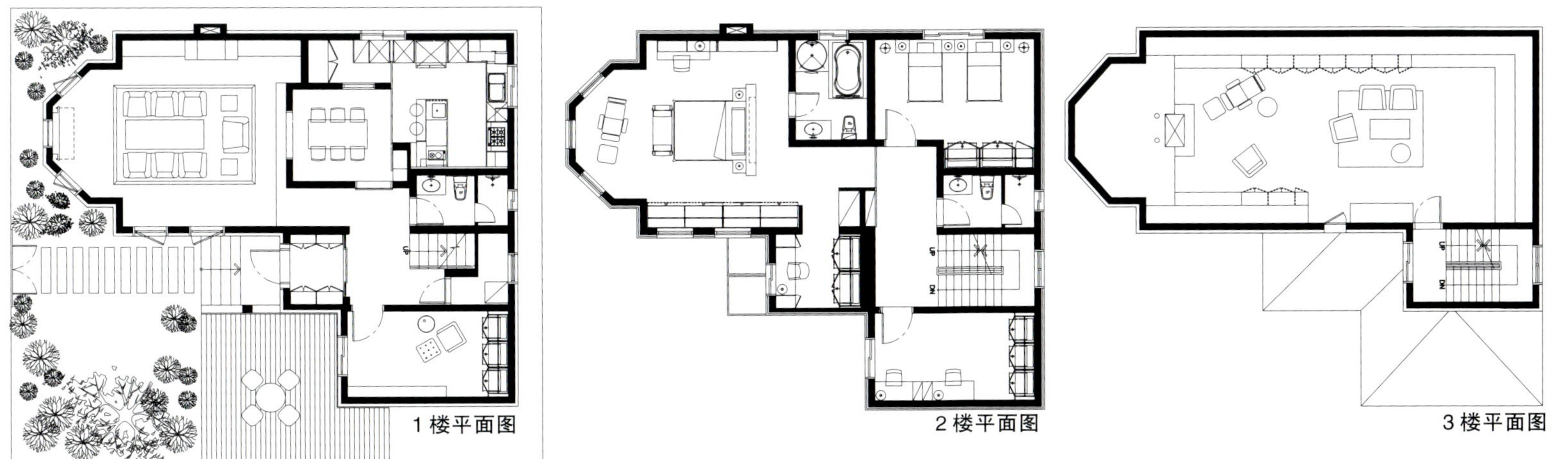
1楼平面图
2楼平面图
3楼平面图

厚斋

Houje

Kim Khai-chun
IDO Architecture inc.

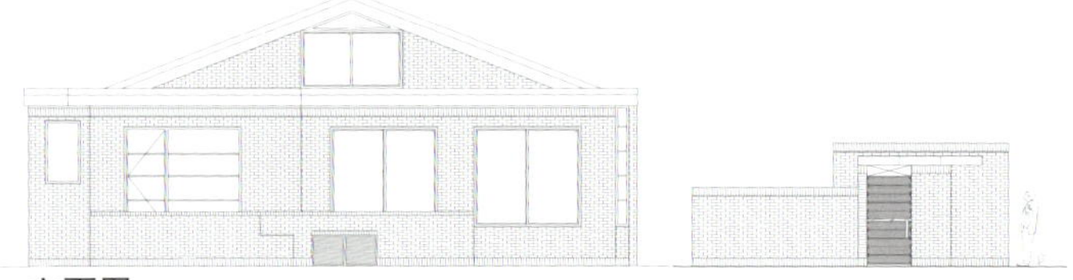

立面图

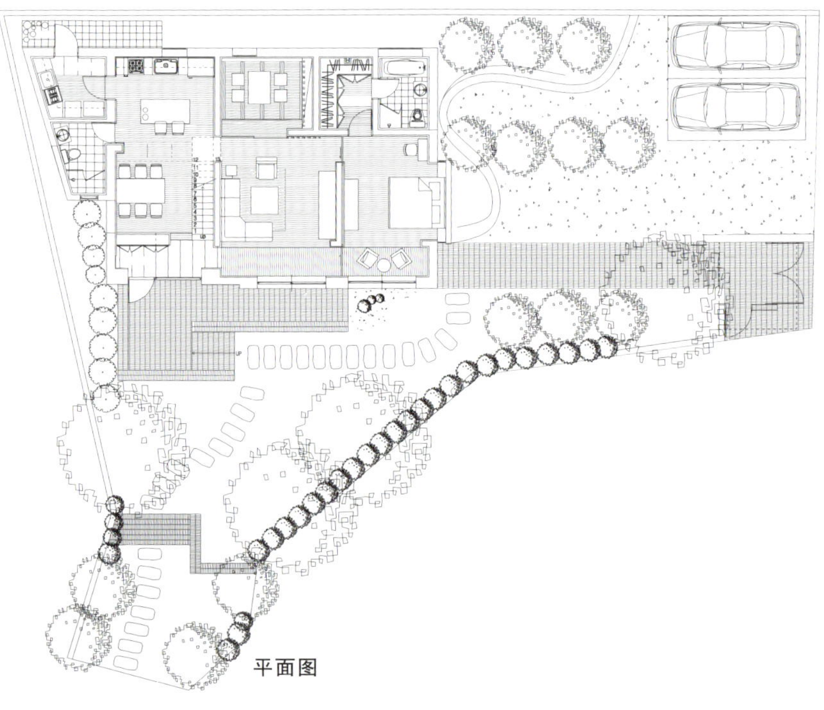

平面图

本栏图片提供：EADO建筑 摄影：朴永彩

位　　置：庆畿道嘉平君邑内里462-4

用　　途：住宅 / 独楼

面　　积：158.3m²

表面材料：地面－实木地板、大理石
墙壁－绸壁纸、大理石
天棚－绸壁纸

设计时间：2001.10 ~ 2001.11

施工时间：2001.10 ~ 2002.2

设计、施工、监督：IDO Architecture inc

韩国20世纪70年代兴起的“新村规划”对改变农村生活环境起了很大的作用，当时用国家无偿供应的水泥和钢筋建造的所谓“新村公寓”不计其数，如今，高速公路边村庄也随意看得到粉装棕色涂料的楼房，它作为“新村规划”的证物遗留下来。

这家主人在这里生活了20多年，曾有不少的建筑家建议把旧楼拆掉重建，房主说无法磨灭20年岁月积累的情感，执意把室内重新装修，其实装修费与新建费相仿，但房主还是选择装修，房主的这种决心使我产生了浓厚的兴趣。

开始阶段最关键的是空间的扩充表现力，由于子女也长大了，原有的空间还得扩充 把原来厨房旁边增设使用的空间改设为多功能厅和卫生间，把隔楼做成子女的屋。这房子里面有很多功能处，例如：休息处、坐息处、卧息处、就餐处、观望处 等等，各处的结构不同，因此一个人在家也不觉寂寞，如果说区分“室”的标准为墙壁的话屋里面没有“室”，把所有的墙壁给去掉或把它隐藏起来，各空间形成一体，相互连通。

只顾求新的时代已过去，人们更注重的是无法用金钱来衡量的岁月与回忆的珍贵。“厚斋”是否也表现着时间的厚实与凝重呢？

大田三叶草公寓——J氏

Clover Apartment in Dae jeon

Jang Soon-gak
Jay is working co., ltd

位　　置：大田市西区屯山洞三叶草公寓

用　　途：住宅 / 独楼

面　　积：193.72m²

表面材料：地面－松柏地板、抛光瓷砖

墙壁－无光漆、RNR 木材板、DID 壁纸

天棚－乳胶漆、DID 壁纸

设计时间：2001.11.20 ~ 2002.1.19

施工时间：2001.12.10 ~ 2002.1.20

设计、施工、监督：Jay is working co., ltd

本栏图片提供：（株）JEE’Sworking 摄影：朴烷顺

设计概念

进入门口，空间由中间轴划分为两个空间，这是典型的10年前的公寓。根据此结构提出整体界线与视觉方向界线的几点建议，一为玄关的假壁，其次是使用工艺墙，最后是客厅、公用卫生间空间的一体化。具体来讲，玄关的假壁（A）未封顶的顶部统合为一，且强调客厅的视觉角度，走廊右侧的工艺墙（B）其本身为一个工艺作品，与酒红色效果（C）相搭配消减直线带来的单调感，且增强X，Y轴的协调感，工艺墙上采用的颜色分布空间的各个角落，与中心部分保持色彩平衡。最后在客厅公用卫生间使用的材料，与木板条方向的水平线组合成南十字星块，仿佛像岛屿，且起到厨房和客厅的连接作用。

人性化

面与面，色彩与色彩，光线与光线之间拟做空间，载入纯属的人类，面意味着境界与想象，色彩意味视线，光线陈述着稳定与效果。

空间

通过空间理论兴起的现代建筑理论，由于各种装饰与追求时尚丧失了其纯属性。如何使空间表述，如何用空间质的部分表述其意义？也许是力量，方向，质量，纯属？

残地

利用剩余的空间，制定方向，赋予功能。

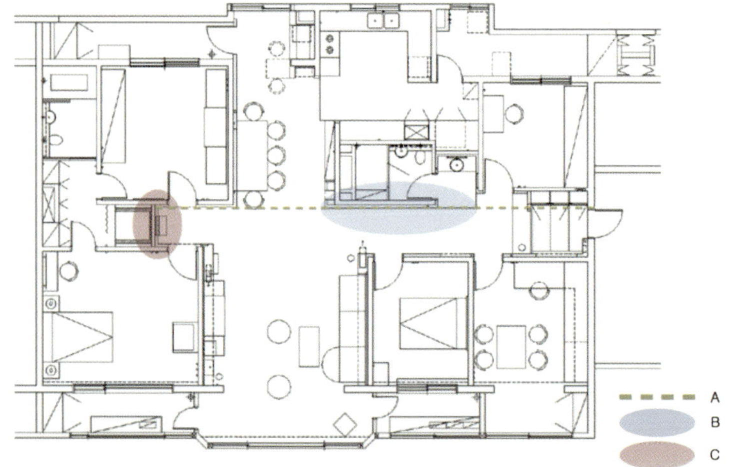

立面图

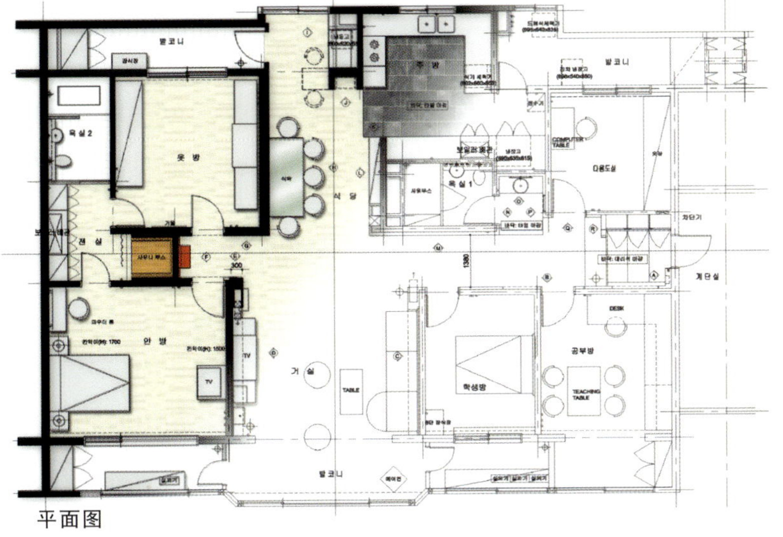

平面图

亚洲选手村公寓

Jamsl APT.

Kim Jeong-ah

白色与保守风格为主概念，客厅整个面采用给人强烈色感的黑檀条纹木，使人工素材与自然素材相进互行对比。精小概念与单一色通过客厅照射的阳光更加强烈。起初，进入玄关看到的正面墙想采用玻璃隔断让人联想到玻璃屋，通过使用透明材料增强空间的扩充感，但由于公寓结构的局限性只是部分采用了玻璃材料。

为了在自然材料的条纹木上表现浮雕工艺的人文艺术，地面采用抛光瓷砖。室内各处摆设的家具表面也采用浮雕工艺统一了材料表皮的质感，卫生间采用白色的镶嵌砖和金属材料尽显时尚感，多采用镜子、玻璃、不锈钢等材料创造实际空间以外的另一个投影空间。进入每个屋的门也避免框架结构，实现简洁、精美，室内各个角落制作吊棚，设计间接照明与可变照明。

位　　置：汉城市松坡区蚕室洞
用　　途：住宅 / 公寓
面　　积：52m²
表面面积：地面 – 实木地板、抛光瓷砖
墙壁 – 黑檀条纹木上面浮雕工艺、乳胶漆、壁纸
天棚 – 乳胶漆
设计时间：2002.11.1 ~ 2002.11.8
施工时间：2002.11.10 ~ 2002.12.30
设　　计：Kim Jeong-ah

本栏图片提供：金正儿 摄影：金在润

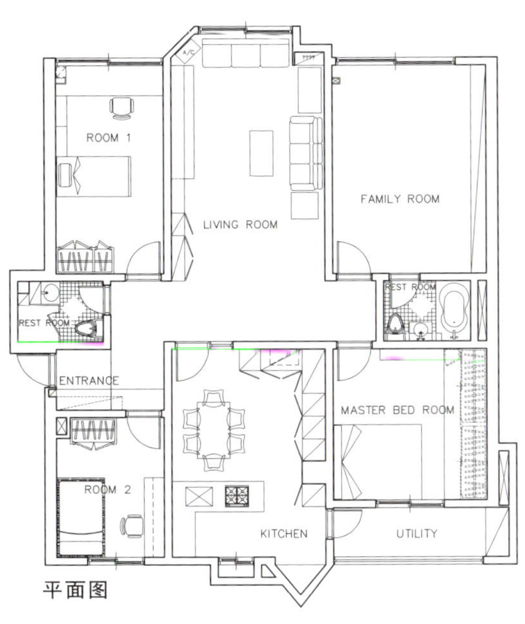

平面图

朝庵

Joam

Kim Khai-chun

IDO Achitects

位　　置：汉城市九老区九老洞

面　　积：211m^2

表面材料：地面－实木地板、大理石墙壁－条纹木、绸壁纸、玻璃

天棚－绸壁纸

施工时间：2001.12 ~ 2002.1

设计、施工：IDO Achitects

平面图

本栏图片提供：EADO建筑 摄影：朴永彩

WELL Beach 样板间

WELL Beach ModeiHouse

Nam Ho-woo+Kim Joo-won
（株）ENKEI 设计

本栏图片提供：ENKEI Design Co.，Ltd 摄影：郑太虎

Well Beach

E-MART

TOILET(M)
TOILET(W)
A/C
Utility
D-TYPE
HALL
INFORMATION
A-TYPE
출입구
OFFICE
STORAGE

平面图

15py

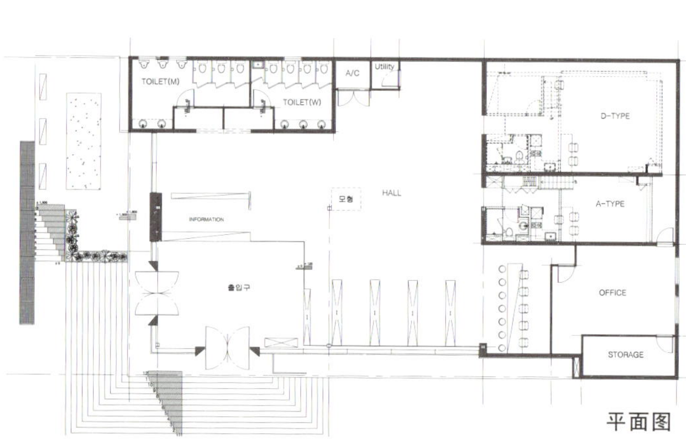

海云台New Town Weel Beach 样板间

几年前韩国政府认识到设计的重要性，甚至整个国内流行过设计国富论的口号，当时人们认为设计给生产工厂产品添加无形资产给国家带来利润，喻为不喂食光下金蛋的鸭子。怎么评价都可以，但是一个国家的富强只是用经济实力来判断，并且创造财富的设计等于创造财富的手段这一说法我并不赞同。

当然，我并不否认经济实力的重要性，在资本主义社会所有的价值都直接或间接的与经济有关，目前炒作的房地产市场的设计就像当时的所谓国富论。

一般条件下进行精装修之后，落到消费者手里时，出售价大幅度增加，也许这是售楼价自律化的产物。

对于设计家是绝好的机会，追求不同于原有的设计是建筑者与消费者的心态与要求，为了满足他们百倍努力，有时设计家的水平很难追随消费者需求的还不够。

当我中标釜山的江南海云台新区筹建的住宅型办公独楼与别墅样板间的设计工作时，心想要设计出使人惊叹的绝妙空间。

那么，何为最佳空间呢？

第一，营造了易容纳空间概念的特定群块的平面，不是无条件容纳多数概念，首先设定目标群块来提高折中率，这是区别于以往的开发战略。

第二，房屋是楼中楼结构，顶棚高度为4.3m，设计上充分体现了其特点。

第三，符合人体理工学原理的空间适中化战略。根据功能类别最大限度地扩展空间容量，这又是一个不易发掘的成功战略。

除此之外，Weel Beach样板间具有设计家所无法拟造的各种优势。比如：交通、购物及文化氛围的人文环境、可展望海云台大海的自然环境等，设计家只是在这基础上展开两个翅膀而已，通过设计演绎了“住宅文化馆”这一名副其实的人文空间，它摆脱了白色样板间这一固定观念，其中有沉重的木板线条，内外空间相互交感，各种比例巧妙运用。每到夜晚，房间内放射的光线散射到显得绚丽多彩。无论是对于设计供应者、受惠者、消费者都希望能产出优秀的设计作品，并且希望样板间也能作为体验其美好空间和精美设计的又一个途径。

位　　置：釜山市海云台区中洞1757

用　　途：样板间

面　　积：594m^2

规　　模：地下1层、地上2楼

设计范围：内、外装饰、景观设计、照明、联合设计

外部材料：木百叶窗板上面不锈钢板/管上面喷各种颜色漆

内部材料：地面－地毯、实木地板、抛光瓷砖

墙壁－壁纸、SUS

天棚－壁纸

设计时间：2002.3.20 ~ 2002.3.27

施工时间：2002.3.27 ~ 2002.4.18

设　　计：（株）ENKEI设计 / 金珠元 建筑设计研究所

施工、监理：（株）ENKEI设计

Maius样板间

Maius ModelHouse

Yang Jin-seok

（株） room and deco co., ltd.

使用极保守型的空间语言，表现韩式风格的设计意象，即采用单纯形式的保守型基本概念，必要因素配备俱全，其余的空间空着，根据个人情趣来填充其意义。

A型

把建筑形态群块引用到内部表现紧凑的空间意象，通过简洁的形态与主题展示时尚空间。天然枫树条纹木表现审美角度的舒适感，玄关正面设一面大镜子感觉空间的扩张感，利用楼中楼结构的高天棚（3.8m）的优势，设置观望窗口。

B型

容纳各种生活方式的平面结构和设计概念使空间错落有致，通过淡灰色与淡绿色条纹木的搭配来演绎生活的娴静与安详，通过各种吊棚艺术来满足基本的空间需求，并且构成安全、稳定的空间高度。

C型

把时尚氛围与强调功能性的简洁化设计概念按照韩国人情趣和住宅形态进行重组，个性功能间空分界线和摆台设施相结合引导自然氛围，台阶下端死角部分设摆台与折叠门的采用实现了空间的扩充。

本栏图片提供：（株）Room

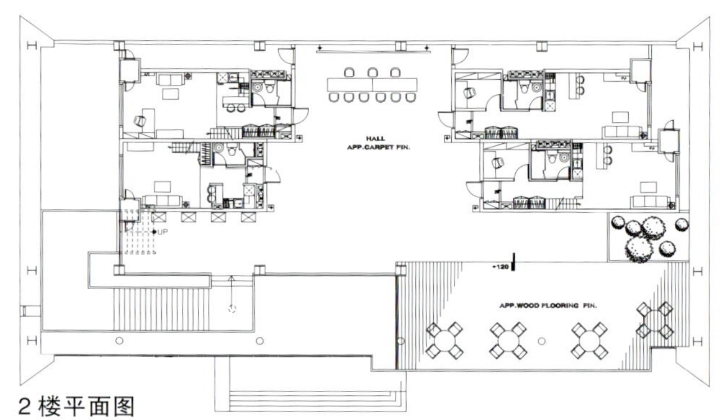

2 楼平面图

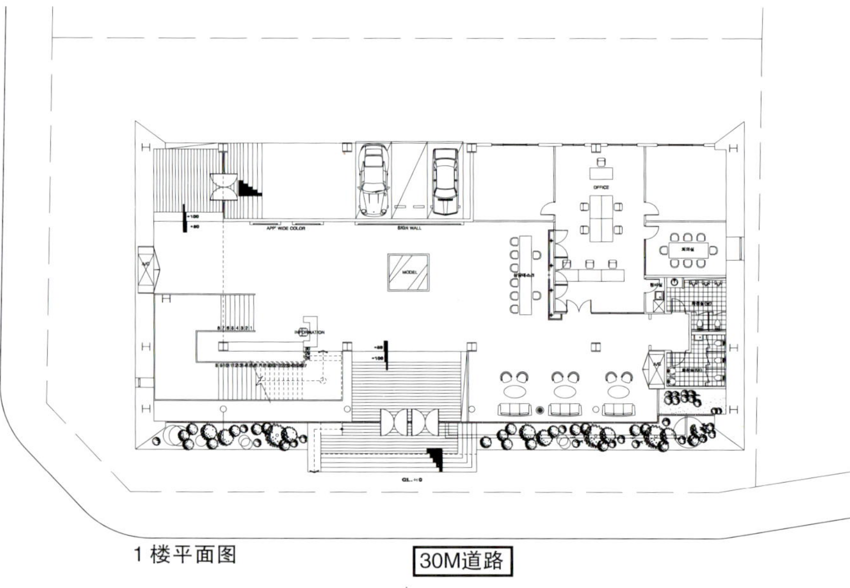

1 楼平面图

位　　　置：釜山市海云台区左洞 1458-4

用　　　途：样板间

面　　　积：330m²

设 计 范 围：样板间设计及监理、联合开发

内 部 材 料：地面 - 地毯、墙壁
　　　　　　天棚 - 壁纸

设 计 时 间：2001.12 ~ 2002.2

施 工 时 间：2002.1 ~ 2002.2

建筑、施工：大惠建筑

设 计、监理：（株）Room and deco co., ltd.

I N

KOREAN
TERIOR
A N N U A L

商业设施—销售

DOOTA 生活

DOOTAVITA

（株）Min Associates lnc.+RTKL（Baltimore）

内部立面图

形象

脱离（Escape）和休息（Release）

位于东大门斗山大楼8、9、10楼的娱乐空间的新名叫“Doota Vita”。

“Vita”在拉丁语里意为活力或生命力，与“Doota”连写形成合成词“Doota Vita”，此空间的意义和目标为脱离喧闹的城市生活与疲惫，轻松享受休闲的空间。在委托人这种规划目标前提下，设计家引导出的设计风格与主题为“时间隧道旅行”——“时间机器人”。

从7楼乘坐电梯进入“时间隧道”，那里将是19世纪60年代科尔博士的实验室，墙面由FRP制作的古城墙形成，周围陈列着装满各种实验工具和古书籍的书柜，屋顶吊挂着2.1m × 6.5m大小的超大型古城门，里面设置了各种空气枪射击场和最新游戏机以及娱乐设施。

再乘坐电梯进入“时间隧道”那里是20世纪60年代甲克虫乐队的黄色潜水艇和LAVA电灯，还可遇见身穿牛仔裤和迷你型短裙的超大型人体模型，并且有展示各种风味的Food coutr。地面和墙壁涂上鲜艳的颜色，屋顶挂上FRP制作的各种颜色的气球。

酒吧和意大利餐厅、韩式料理在10楼，那里是未来的2020年，用蓝色与金属颜色涂装，用贴特殊胶片的玻璃演绎未来的超前感受。

位　　置：汉城市中区乙支路6街18-12 斗山大楼
设计范围：8～10楼
用　　途：综合文化空间（Game Zone，Food Court，Restaurant）
面　　积：3 730m²
内部材料：地面－乙烯塑料瓦、瓷砖
　　　　　墙壁－涂料、纤维、玻璃、FRP
　　　　　天棚－涂料、百叶窗板
设计时间：2001.4～2001.7
施工时间：2001.7～2001.9
施　　工：（株）Min设计
设计、监理：（株）Min设计

本栏图片提供：（株）Min设计

GRAND OPEN

PEDAL
PEDAL
AMUSE WORLD

9 楼顶图

9 楼平面图

S.A.C.O

S.A.C.O

TTAE COMPLEX

与原有的新沙洞S.A.C.O商场的设计主题相仿的是新古典主义的柱子，从柱子之间感受空间感，这次搬到清谭洞的S.A.C.O商场在设计理念上也是原设计理念的继承和发展，无论表现方式和设计倾向怎么变化，其原始设计意念没有改变，且还保留原有的情结。

它作为产品销售空间和展示空间，避免视觉上的眼花缭乱，尽量给空间提供富足的余地，在这基础上采用柱子这一物体体现“S.A.C.O”的形象，传统的柱子大多为加工型、点缀型，那么这次更多的是注重材料的质感与原形态，加深了物质形态的淡薄与纯朴风格。协调墙体大小与比例给人视觉上的舒适感，用最小的墙面进行平面设计，就像宣纸上滴一滴墨水一样具有强烈又舒适的色彩对比，给单纯的空间结构增添活力。

最后，设计风格上不需要太多的设计语言，因此能够自然地抑制个人表现力和给其赋予何种意义的本能欲望。

位　　置：汉城市江南区清谭洞80
地面面积：410m²
建筑面积：245m²
延 面 积：691m²
规　　模：地下1层、地上3楼
外部材料：复合铝板、铜管
内部材料：地面－抛光瓷砖
　　　　　墙壁、天棚－石膏板上涂水性涂料
设计时间：2001.9～2001.10
施工时间：2001.10～2001.11
施　　工：（株）Min设计
设计、施工：TTAE COMPLEX

本栏图片提供：TTAE COMPLEX 摄影：CAM工作室

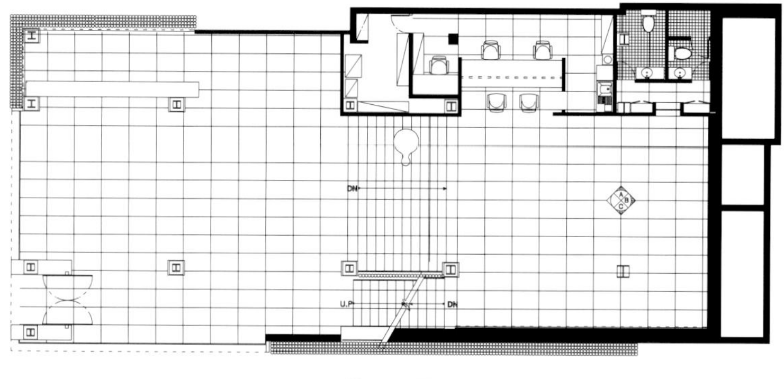

1 楼平面图

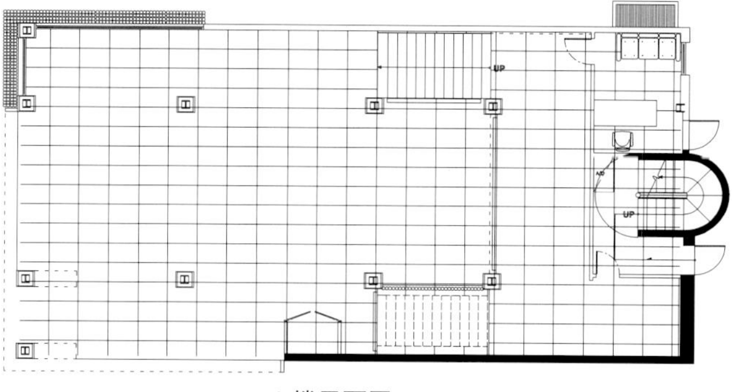

2 楼平面图

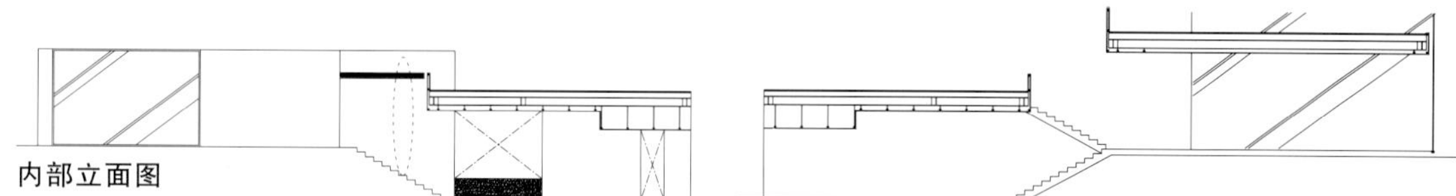

内部立面图

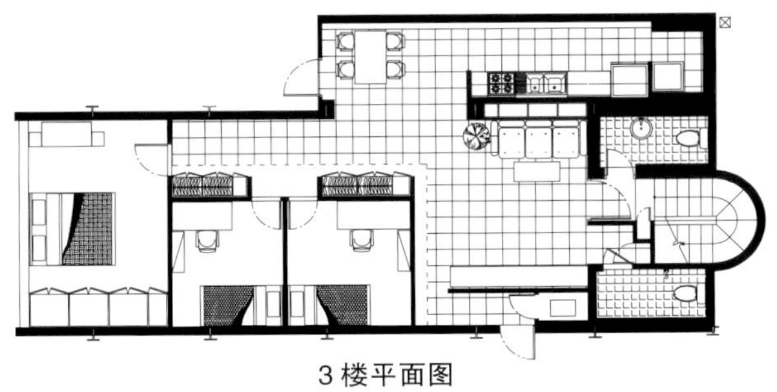

3 楼平面图

青年时代

Yong Age

Kim Kyoung-ah

SOD 设计

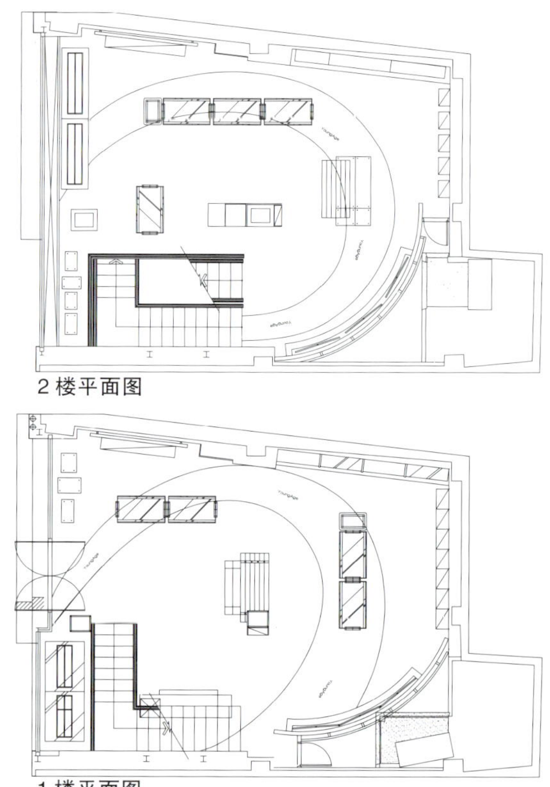

2 楼平面图

1 楼平面图

地面轴是引导主题空间的载体，引导移植来重组新的秩序，它作为变换的载体，形成分歧点，提供逆动过程。另一种生活风格占据人生的重要部分这一意识的背景是由社会整体休闲化风格组成。追求个性化、高水准化、便利化概念中突出的一点是瓦解已有的白色文化。

“Young Age”是年轻人的主要目标地，变换是运动型休闲风格，商场分为城市女性为目标的1楼卖场与休闲氛围浓厚的2楼卖场。突出群块与框架形态把重点放在功能性主题，重点表现了年轻人的朝气蓬勃。

位　　置：汉城市中区明洞2街33-7
用　　途：商业/销售场地
面　　积：395.36m²
内部材料：地面－水泥、陶瓷砖
墙壁－天然不锈钢、瓷砖、水泥
天棚－乳胶漆
设计时间：2001.6～2001.7
施工时间：2001.7～2001.9
设计、施工：SOD设计

本栏图片提供：SOD设计

Chang Kwang Hyo时装店

Chang Kwang Hyo时装店

Oh Hoon-keun

（株）zid korea.co., ltd.

2楼平面图

1楼平面图

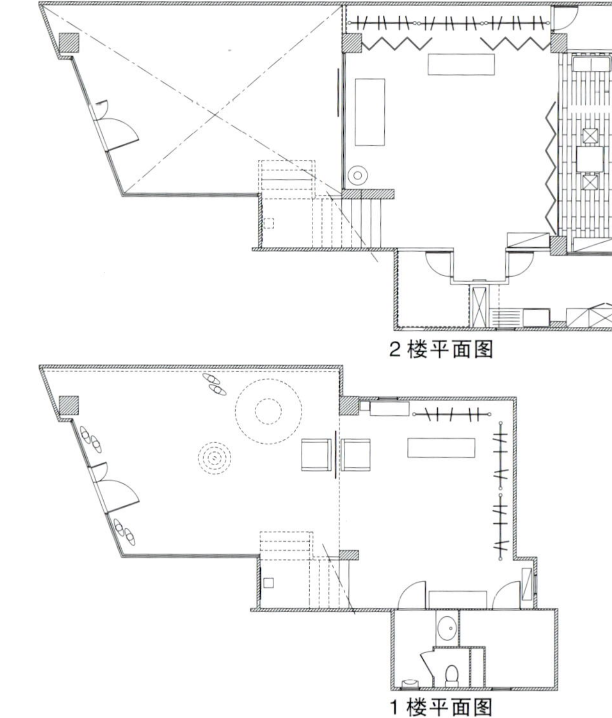

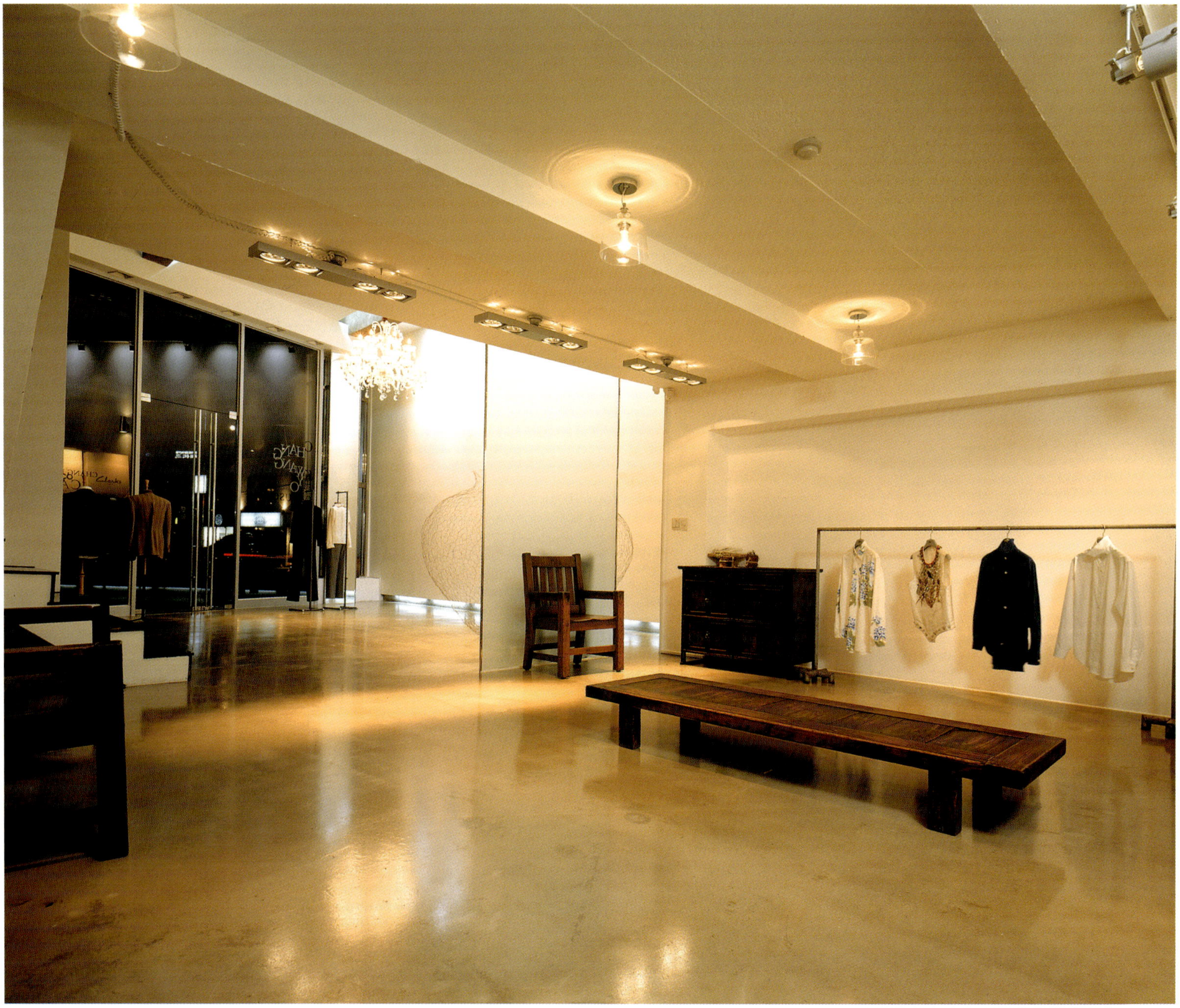

我的设计主题为“路”

既有直长的路也有宽敞开放的丝绸之路。各种形态的路具有深刻、丰富的设计内含。

无论是“阿拉伯之劳伦斯”影片中一望无际的沙漠之路，还是任权泽导演的韩国电影“醉花仙”中的小巧而抒情之小路，它们的色彩和样式各个不同却都具有自然、人性丰富的味道，其自然巨大的“面”与人性直长的“线”给人留下深刻的印象。

面对6m高的屋顶与复层结构的最佳空间产生了巨大的设计欲望，问题是如何去适当地调节其欲望，张光孝是绘画专业出身，他设计的时装色彩丰富，线条自然、简洁给人一种强烈的男性魅力，并且强烈印象中带有中性的柔感。因此设计中强烈而简单的“面”与“线条”，才能充分表现这位服装设计师的设计情感，宽大的墙面和直线、简洁的线成为表现空间的主题，没有任何多余部分的“面”突出男性力量。

内部采用雾玻璃作为中性材料，亲切、精巧的照明给形象增添温柔的色彩，为了创造与时装的共鸣特设一副广告牌。与整体明亮的内部空间相比无扶手的台阶与细长的扶手给人一种柔和的印象。再加上铁丝框架与富余的空间、韩国式的民间水彩画以及可爱、摩登的家具和枝形吊灯等提供了犹如博物馆、舞台、时装表演台等丰富的表情空间。

把普通人变换成主要角色也是设计家的特长之一，提供商品的空间就像迎接演员的舞台一样等待顾客的光临。希望将来能出现更多富有个性的时装，同时感谢启发我设计灵感的张光孝先生以及为了创造个性特色而努力着的许多设计家。

本栏图片提供：zid korea 摄影：郑太虎

位　　置：汉城市江南区新沙洞 656–18
用　　途：商业 / 专卖店
面　　积：182m²
内部材料：地面－实木地板、自然平板
　　　　　墙壁－胶合板、石膏板上涂乳胶漆、石膏板上涂银色漆
　　　　　天棚－石膏板上涂乳胶漆
设计时间：2002.5 ~ 2002.7
施工时间：2002.7 ~ 2002.8
设　　计：(株) zid korea.co., ltd.

POOM 专卖店

POOM

Park Yong-chul
Uoom Space

本栏图片提供：Vom

作为现代主义的一种倾向又称“最精小艺术”的艺术形态通常抑制个人情感与表现力，形成无表情的形态语言。流传已久的现代主义枯燥概念到了20世纪六七十年代因通俗设计的出现形成新的一种潮流。

POOM的迷你型结构和朴素的色彩具有现代主义倾向，设计家设计的家具、装饰品、以及区分空间的隔断、墙壁结构物所表现的有规则的反复和单纯排列因主表面材料涂料显得色彩个性化、表面效果受很大的制约，这说明整体空间往往受迷你型空间的制约，把“营造有趣空间”作为目标进行设计工作。当时想起了由年轻作家开始的美国通俗艺术，棱角自然弯曲的家具、相同形状的墙体、各处采用的原色组合传递愉快、鲜明的感觉，单调的白色空间内使用红色、绿色等强烈的色彩赋予空间的造型美，抛光的地面瓷砖与表面喷漆家具以及台阶部分采用的玻璃和照明等效果增强空间的容量，这样20世纪六七十年代复古主义的流行与它的实践活动通过POOM再次体现。

善于用最小的形态变化来重新营造空间的设计家不是盲目地追求新的创意，而是再现空间的历史气息进行合理的开发；不局限于一种风格，通过各种形态组合表现其特有的整体性，这也许是设计家最终的设计课题。

位　　置：汉城市江南区驿三洞82-2，3
用　　途：商业/专卖店
面　　积：1082.27m²
规　　模：地下1层、地上2楼
内部材料：地面－抛光瓷砖
　　　　　墙壁、天棚－白色漆（无光）
家　　具：白色喷漆（反光）
设计时间：2002.2.10～2002.2.28
施工时间：2002.2.28～2002.4.12
设计、施工：UoomSpace

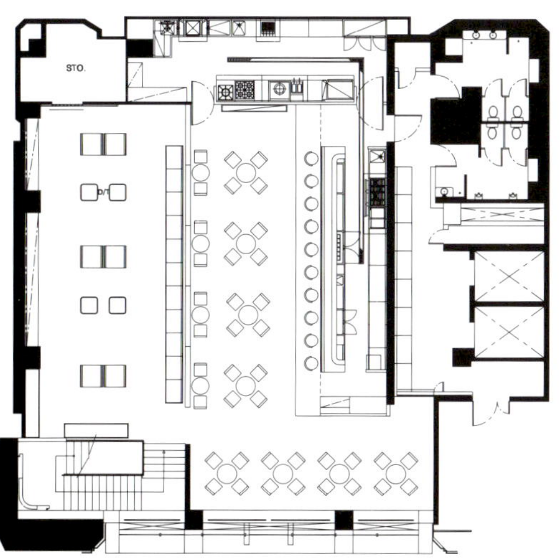

2 楼平面图

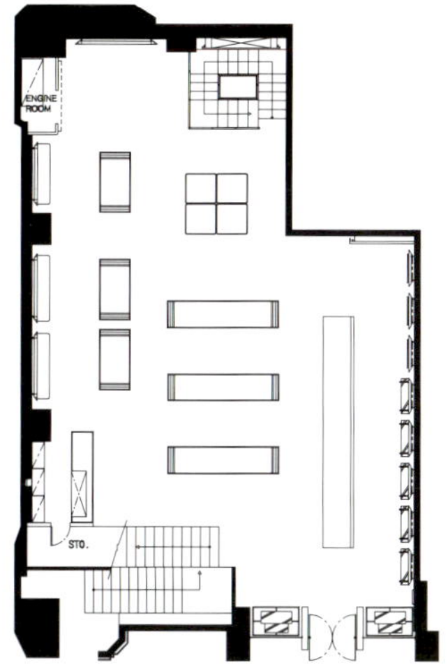

1 楼平面图

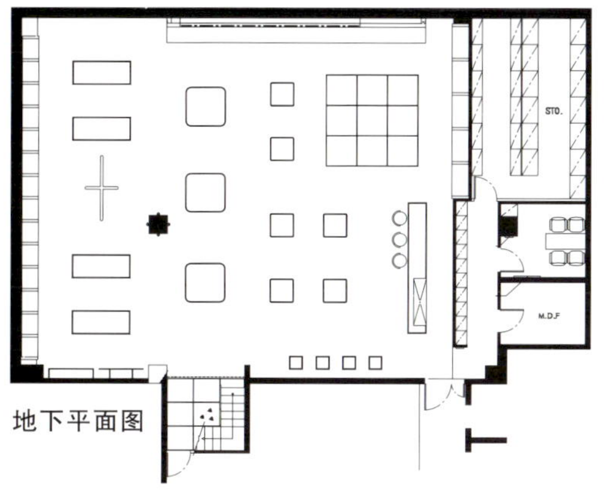

地下平面图

蓝石时装店

Lapis Lazuli

Kim Khai-chun
IDO Architecture inc.

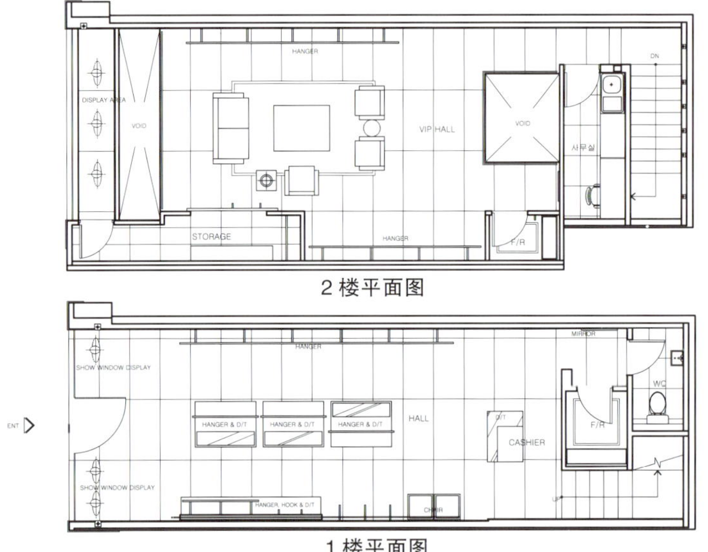

2楼平面图

1楼平面图

“Lapis Lazuli”是由意为蓝色的“Lazuli”与意为岩石的“Lapis”的合成词，其意为“蓝石”。不透明无光泽的军青色有时作为颜料使用，而且它由各种矿物质混合形成整体上没有均衡颜色且无数斑点，因此作为突出金子的宝石而采用。这种内涵的理念决定了设计主题风格。无需任何招牌，以纯属的空间本身来呈现“蓝色之美”，玻璃和掉色的灰色石子以及从镶嵌蓝色小字体的外轮廓完全显露着原有的姿色，宛如历经100年沧桑的原木一样孤傲地站立着，这个孤傲的魅力空间是“Lapis Lazuli”本身的内涵。

“Lapis Lazuli”光复店没有独特非凡的魅力，只是灰色石子、木板、玻璃、金属等属常见的材料做成，但与军青色透明琉璃相融合的瞬间显得及其独特的协调美，选材空间与结构比例都符合其格调，显得多余的空间只有陈列时装时才能完善，不单只有美丽的物体才显得美丽，通过原始功能也体现其特有的美。它是通过追求静态变化而实现的。1、2楼的墙壁、家具、照明根据可预见的空间行为而变化，它外露的“动态”不是变化，而是根据功能而渐渐发生的“静态”变化。

位　　置：釜山市中区光复洞1街17-6
用　　途：时装店
面　　积：97.82m²
表面材料：地面－大理石、瓷砖
　　　　　墙壁－大理石、壁板、天棚－涂料
施工时间：2002.8.27 ~ 2002.10.24
设　　计：IDO Architecture inc.

本栏图片提供：IDO 摄影：朴永才

I N

商业设施—餐厅

那家餐厅+展览馆

GU-ZIP Restaurant + Gallery

Cheo Hang-shen + Lee Sang-hoo + Han Jung-huan

Mass Design

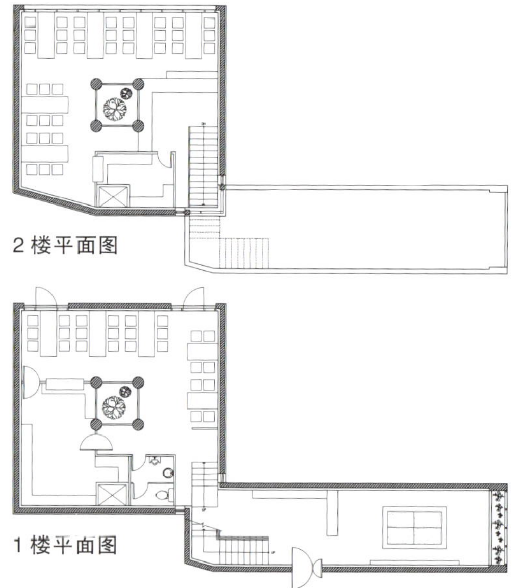

2楼平面图

1楼平面图

从墙壁和缝隙之间显现自然，我喜欢人为的东西。

自然使我感动，它是从人为之间渊生的自然，是我无法比拟的创造……

慢慢踏青，用嗅觉可闻到的绿茵墙，我走过的墙壁缝隙间隐隐约约散发着阳光的余味，看见四角里面缊藏的光线。

从A洞到B洞的1楼……缝隙中自然显现绿色和包容其颜色的影子。

从A洞到B洞的2楼……慢慢上台阶，眼前突然显现触手可及的院子，想象着青藤缠绕的岩石。

“那家餐厅 + 展览馆”地段环绕着住宅楼形成“ㄱ” 字形状，建筑物的形态在“ㄱ”形的两处终端部分各设不同高度的正四角形和直四角形群块，并且把这四角形群块重叠，连接部分的台阶形成水平差距，进而营造A洞和B洞之间的有机组合，强调内部空间的立体感。

让道路正面的展览馆使之接近路面，过往的行人产生好奇心且由地接近。外部墙面引导不规则地排列正四角形的小框，白天看来光线聚集在建筑外表，夜晚建筑物各部分发散光芒，使人联想到镶嵌在石头上的宝石。

此建筑物的设计主线依“Time goes Unfinished”两种风格，进而确保市民的周边环境以及使他们容易接近的朴实形象，“Time goes”竣工时还未完全读懂它，随着时间的流逝建筑物外观的形象通过青藤素材表现得淋漓尽致，“Unfinished”通过宛如未完成造型作品的建筑物外观表面水泥上覆盖的青藤而更加完善。

位　　置：忠北庆州市律良洞 1357-1
用　　途：综合设施
地　　区：住宅专区
地面面积：269m^2
建筑面积：126.73m^2
容 积 率：74.28
规　　模：地上2楼
内部材料：钢筋水泥
外部材料：清水泥、热轧钢板
设计时间：2002.3 ~ 2002.4
施工时间：2002.5 ~ 2002.10
设　　计：Mass Design

本栏图片提供：Moss 设计 摄影：闵丙吉

朵花西餐厅

DAHWA Soup Restaurant

（株）KESSON International

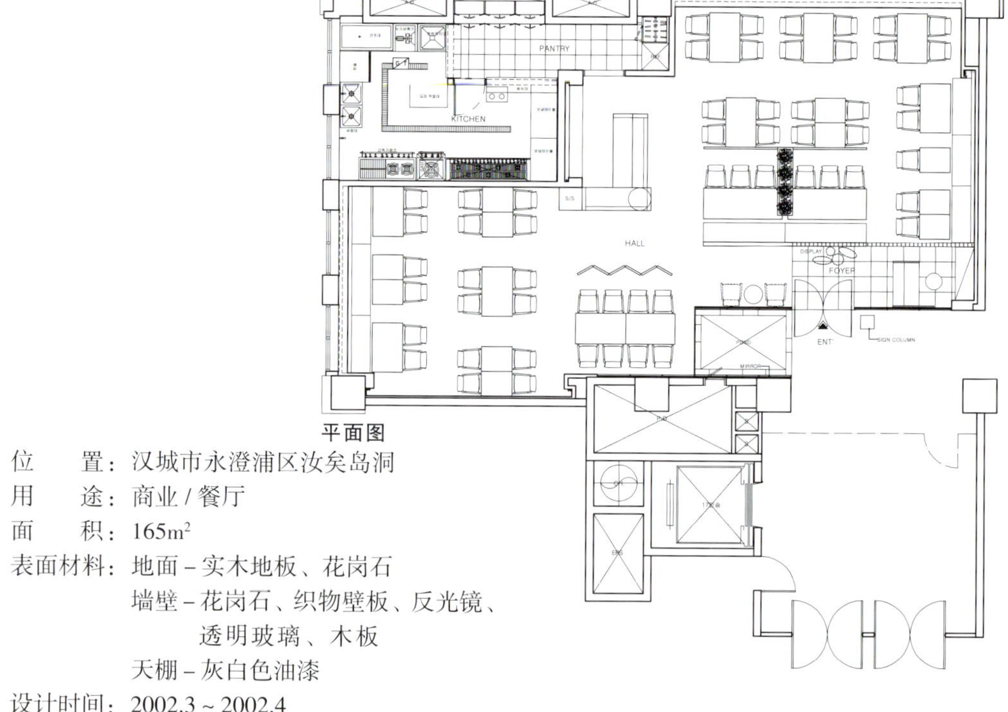

平面图

位　　置：汉城市永澄浦区汝矣岛洞
用　　途：商业 / 餐厅
面　　积：165m²
表面材料：地面 – 实木地板、花岗石
墙壁 – 花岗石、织物壁板、反光镜、透明玻璃、木板
天棚 – 灰白色油漆
设计时间：2002.3 ~ 2002.4
施工时间：2002.5 ~ 2002.10
设　　计：Mass Design

高楼大厦成林的汝矣岛属于精疲力尽的上班族，本次的设计希望能给肩负重重压力的人提供纯自然的舒适空间，材料使用上最大限度地注重自然素材，板型也采用未定型的自然结构，点缀强烈表现自然色彩的材料和素材来提供既休息又充电的休闲空间。

设置隔断等各种结构物来体现空间的扩充感，营造视觉上的私人空间，形成各自的独立空间，具有安全、稳定感觉。为了方便经营，周全每个空间的功能性，提高入口处的经营空间和吧台、服务空间的连贯性，最大限度地实现界线效率性和功能性。

朵花西餐厅的主打商品为粥，它将是疲惫的现代人暂时停留休息的大自然空间。

本栏图片提供：（株）KESSON 摄影：李哲熙

莱斯干酪火锅店

Les Fondues

Bang Jun-ho
JUNDESIGN

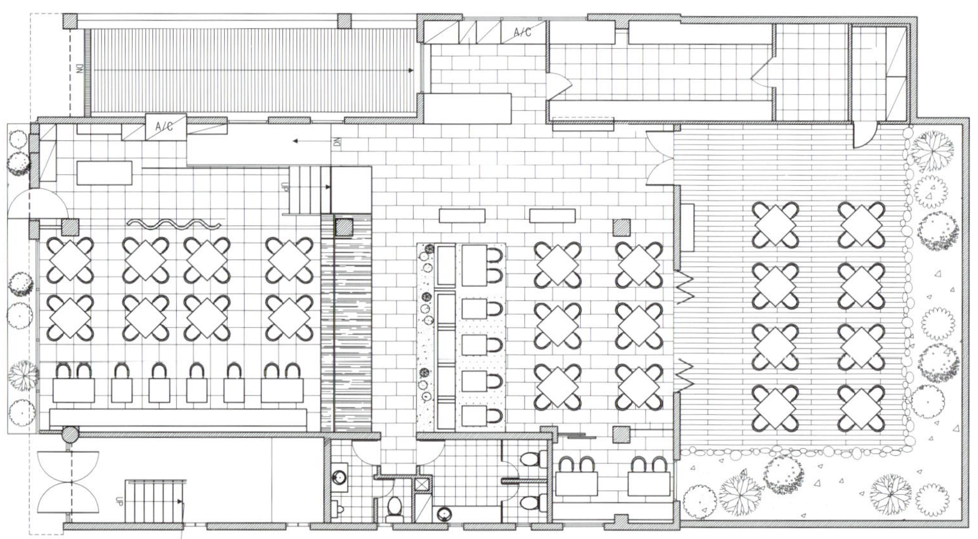

平面图

店主希望 “莱斯干酪火锅店”将是在顾客眼里有点陌生，女性们却是喜爱的个性空间，但空间结构不太理想。从入口处有横跨中央的4个柱子，楼的举架非常低，干酪火锅店设计按照目前女性喜爱的时尚素材，设计出既摩登又滑稽的个性空间。

利用最大的障碍——两个柱子制作拱形门，用破瓷砖进行表面处理以此分离主界线和餐桌空间，因此显得更加温馨。为了解除2楼憋闷的感觉破开外墙增设屋顶庭园，屋顶庭园地面用木板铺设，再进行景观设计来创造与1、2楼完全不同的另一个个性空间。

“莱斯干酪火锅店”分为3个不同个性的空间，区分1、2楼的墙采用水流设计，上面铺设了起桥梁功能的台阶，引向另一个空间。

“莱斯干酪火锅店”除了与传统设计的连接性以外还注重合理、实用的设计，采用已有的材料倡导另一种时尚，把陌生的感觉引向大众化情趣。

位　　置：汉城市江南区新沙洞637-13
用　　途：商业／餐厅
面　　积：330m²
表面材料：地面－瓷砖、波罗麻地毯、木板
　　　　　墙壁－涂装、破瓷砖、马赛克瓷砖、建筑线条、七色线条
　　　　　天棚－涂装、黑镜、建筑线条、百叶窗板
施工时间：2002.4～2002.6
设计、施工：JUNDesign

本栏图片提供：JVN设计 摄影：金在润

明月馆

Myungwolgwan

Yang Jin-seok

(株) room and deco co., ltd.

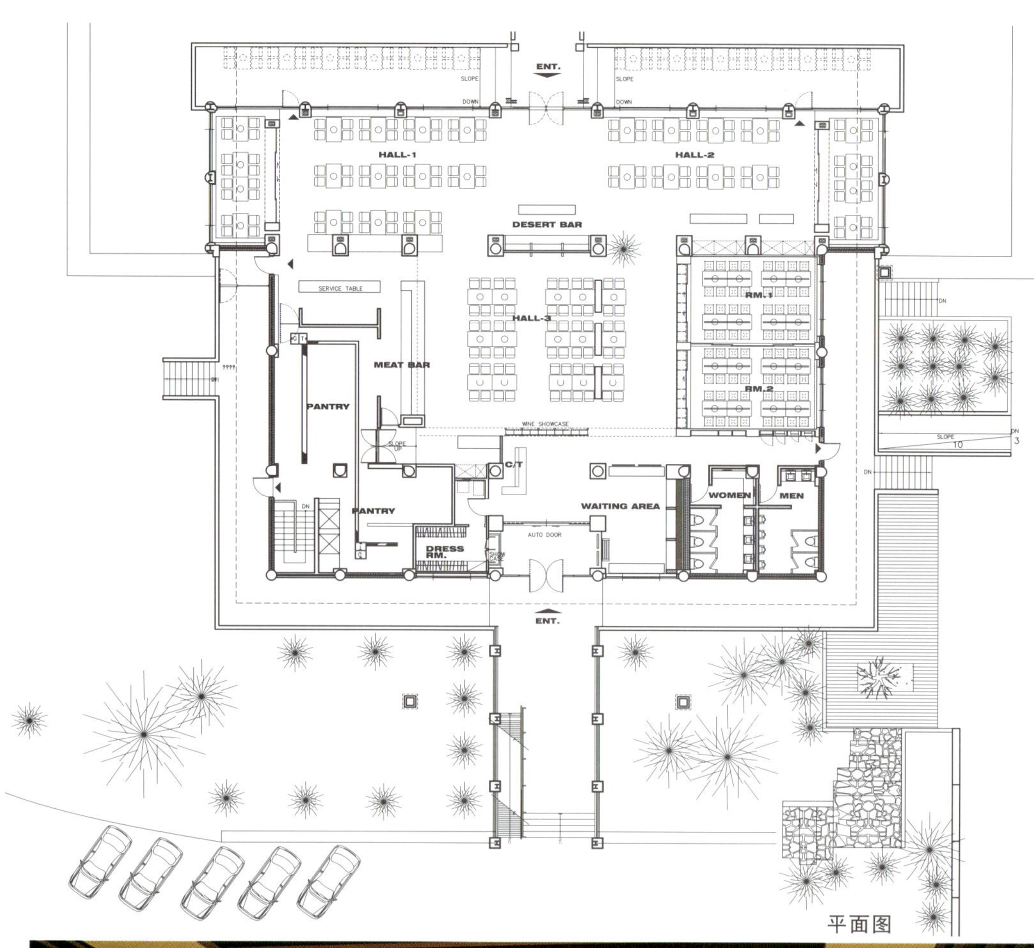

平面图

在进入宾馆主区之前可以观望汉江风景的位置上有一座古色古香的亭子模样的建筑物，那里就是“明月馆”。它作为华克山庄的附属设施之一，是与巨大的人工池塘相结合的楼阁形状的建筑物。保留建筑物原有的古风传统样式而展开设计，内部装修也充分体现传统色彩，提供了悠闲自由的就餐环境。

整体的设计主题反映了把东方风格现代化的设计倾向，体现韩国式的形象。特别是壁面用莞草素材处理，利用粗糙感觉的石材演绎与自然素材质的对比。平面设计上突出随季节变化带来的可变性空间。入口处展台空间设计把传统韩式屋的形态引进到现代化的内部空间，在传统与现代风格相协调的基础上注重防风室、食品展示台等功能性空间，设自然石墙壁使顾客很容易适应此氛围。设计豪华的展示空间演绎出高品格的综合西餐厅形象。

位　　置：汉城市广津区广壮洞喜来登华克山庄宾馆内部

用　　途：商业 / 餐厅

面　　积：1 075m²

表面材料：地面 – 实木地板、地毯、花岗石
墙壁 – 花岗石、织物纤维板
天棚 – 乳胶漆涂装、金属网、wood grill

设计时间：2001.6 ~ 2001.12

施工时间：2001.12 ~ 2002.6

设计、施工：(株) room and deco co., ltd.

本栏图片提供：room and deco co., Ltd

无尽州
Mujinju

Lee Kyu-suk
I.O SPACE

本栏图片提供：I.O SPACE

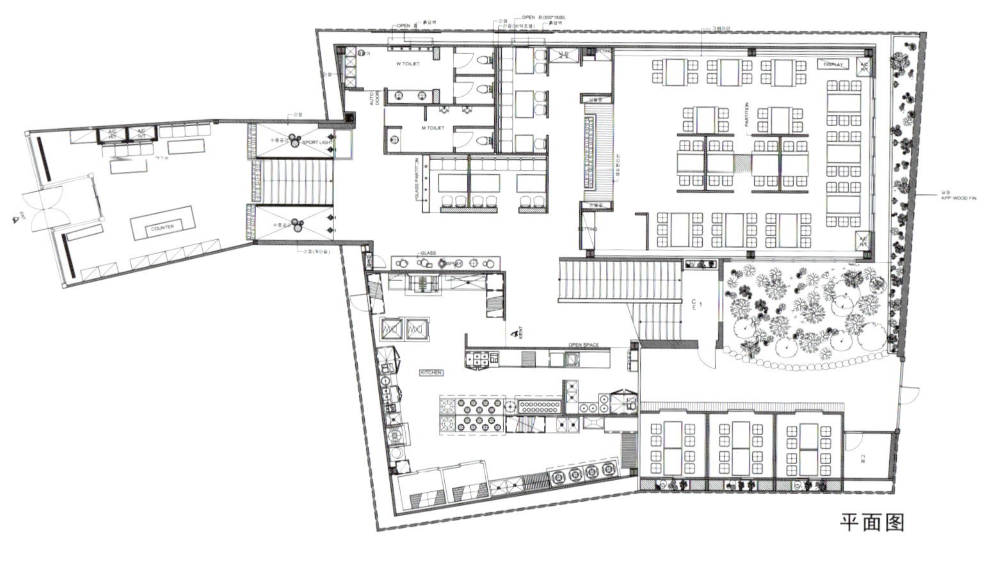

平面图

（Mujinju）的设计是从克服狭长的大厅而开始设计的，入口部分的视觉导入是从寻找神秘空间的好奇心开始的。一个空间的终端是另一个空间的开端。

用感性类的小饰品提供随意感以及韩式屋的风情，有时因繁多的顾客加之宽敞的空间显得散乱，因此用粗糙强烈的素材以及、冷系列素材与暖系列素材的相融合，把空间高度和界限的流线有机组合。

乍看相分离却相互聚集……

超越一个空间过渡到另一个空间时的开放视觉避免了单调的倾向，使之相互交叉、重叠表现其深度。

位　　置：光州市东区不老洞 1–4

用　　途：商业 / 餐厅

面　　积：1 楼 –366m²/2 楼 –366m²/3 楼 –134m²

表面材料：地面 – 硅砂、塑胶地砖

墙壁 – 石膏板上面刷漆、M.D.F 上面条纹木、玻璃、砖沙

天棚 – 石膏板上面刷漆

设计时间：2002.2.10 ~ 2002.3.10

施工时间：2002.3.15 ~ 2002.5.30

设计、施工：I.O SPACE

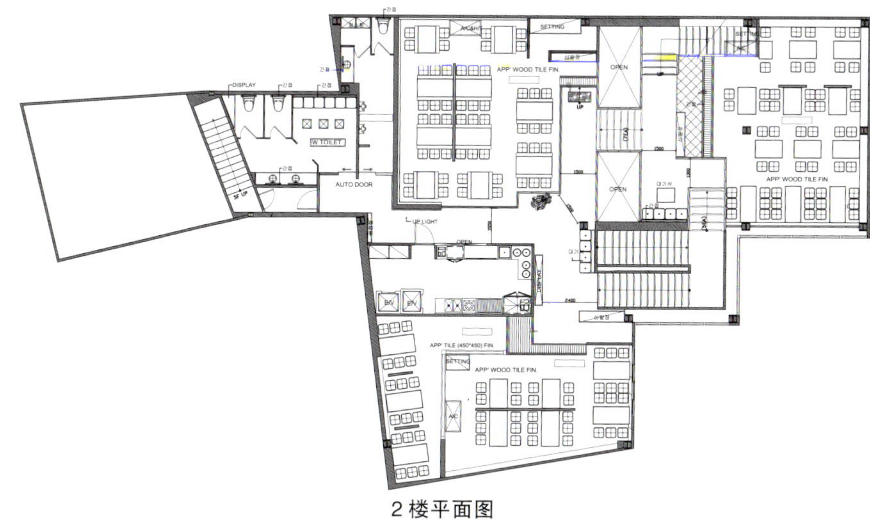

2 楼平面图

天上庭院——文学宫

HANEULMADANG

Kim Jin-soo

(株) Open Space

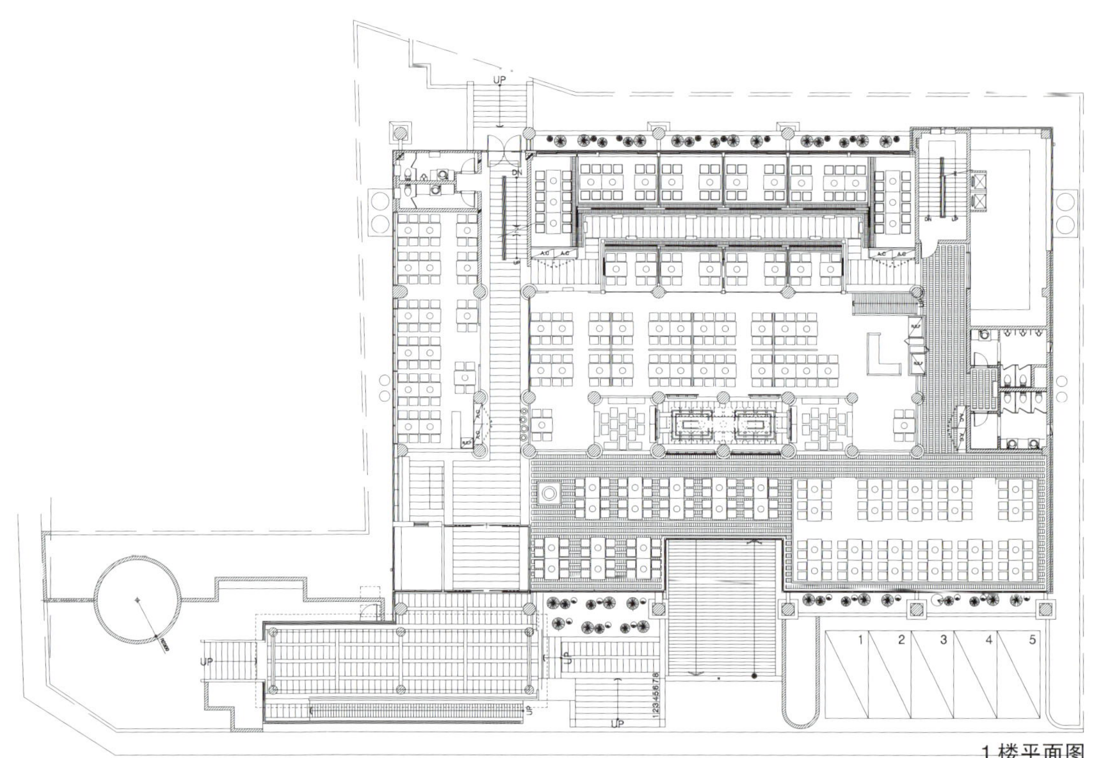

1楼平面图

本栏图片提供：Open Space

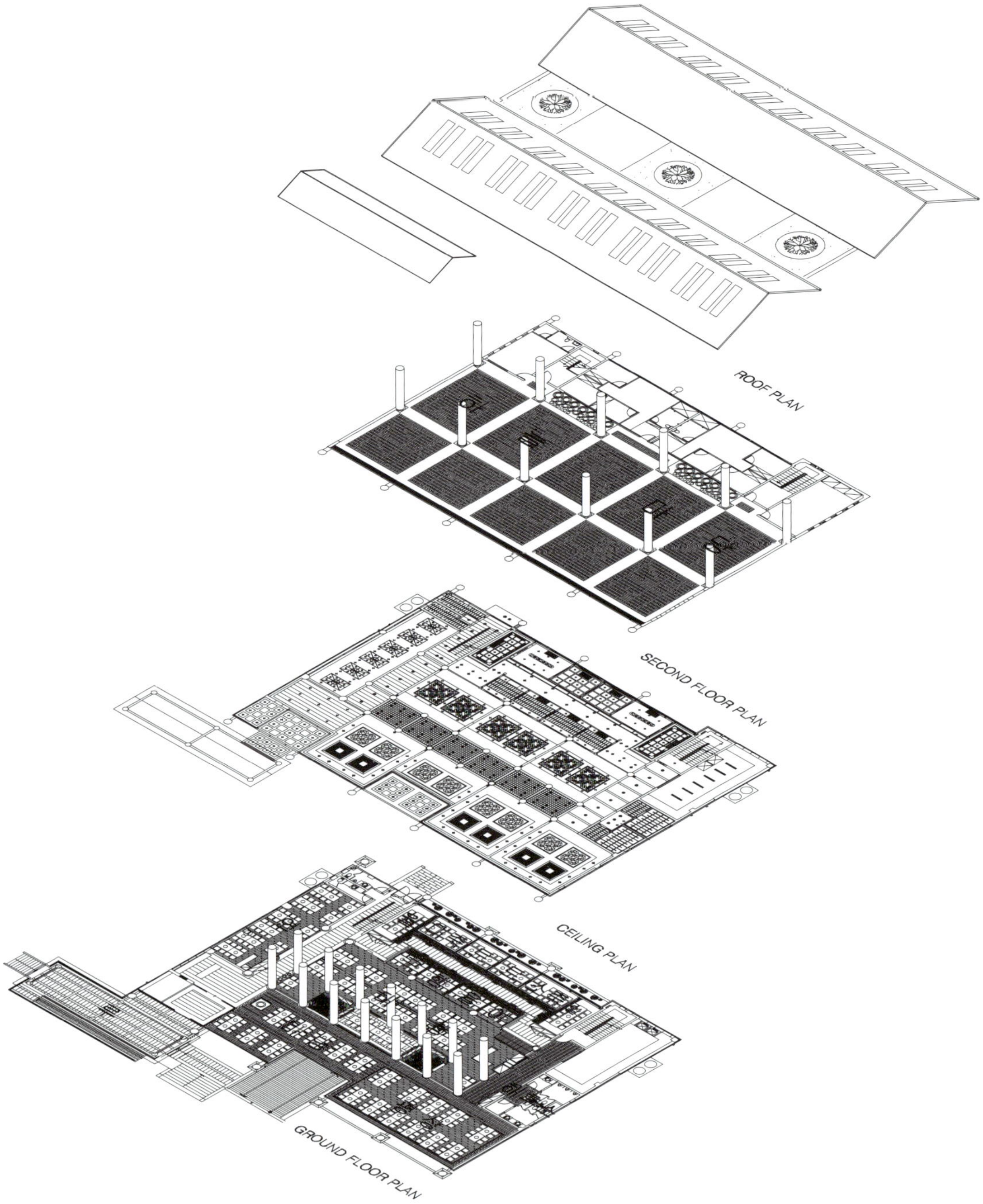

ROOF PLAN

SECOND FLOOR PLAN

CEILING PLAN

GROUND FLOOR PLAN

天上庭院—文学宫

可瞭望苍穹的庭院……，在我们传统建筑中庭院意味着什么？而且如何去表现其概念？不仅是庭院，我们所指的传统建筑是如何去体现的？我们作为建筑领域的工作者面对这样的现实要去做何事，如何去做？通过这次的设计作业我决定去思考这些韩国建筑领域真正的文化与传统。

通过漫长的思考历程想勾画一下其内容。试着在“天上庭院—文学宫”里面填装部分真正的建筑意义和韩国乡土自然风情。

在此处不仅有庭院，还有颜色、光纤、声音，也就是人与自然概源的建筑空间。

建筑概念

利用内、外空间的连接以及空间的可变性构筑开放又封闭的空间，再次导入韩国传统建筑“楼”概念来发展设计方向。

“天上庭院—文学宫”的建筑意义是寻找且积极利用被封闭的建筑空间，并且提示建筑的设计新方向融合古建筑和现代建筑的设计风格来发展设计新领域。

首先，楼顶平台大部分用于仓库或者作为废弃的地方，在此地开发韩国建筑的结构设计的现代化营造了传统的娱乐及民俗文化空间，导入周围开放的自然环境和周边三座公园把楼顶平台还原成商业空间。建筑物的外观制作八角楼顶，用水泥和水泥瓦发展我国传统建筑的色彩与结构。敞开式的屋顶可享受太阳光线把整块建筑物分为2块开放空间。外部收尾材料用木材，用垂直的圆柱使箱型四面容易获得光线，开放性柱子与墙面以及房顶融合我国结构概念发展成更为现代的风格。

位　　置：仁川市南区文学洞 382-4，5
地区、地域：第二类一般住宅区
用　　途：商业 / 餐厅
大地面积：1 706.4m²
建筑面积：994.24m²
延 面 积：2 195.20m²
景观设计面积：280.87m²
容 积 率：73.13%
停车场车辆数量：5 台
规　　模：地下 1 层、地上 2 楼
结　　构：钢筋水泥
表面材料：地面－松原木、地热、豆石子、砖石
墙壁－松木板、青丹青、赤丹青、窗户纸、黄土
天棚－青丹青、赤丹青、窗户纸、松木板
设计时间：2001.5 ~ 2001.11
施工时间：2001.12 ~ 2002.5.31
施 工 费：300 万（韩币）/m²（中国 1m² 等于韩国 3.3m²）
设计、施工、监理：Open Space

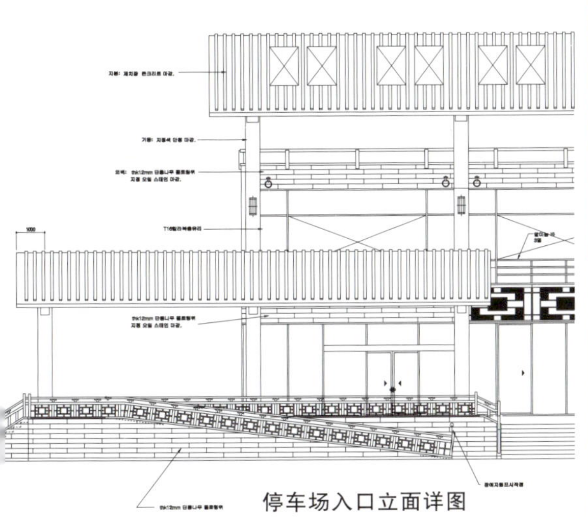
停车场入口立面详图

SOMERSET日式餐厅

Japanese Restaurant The Somerset

Shin Sung-soon+Jung Gil-chae
Royal SHS+Design Group inside co.， ltd.

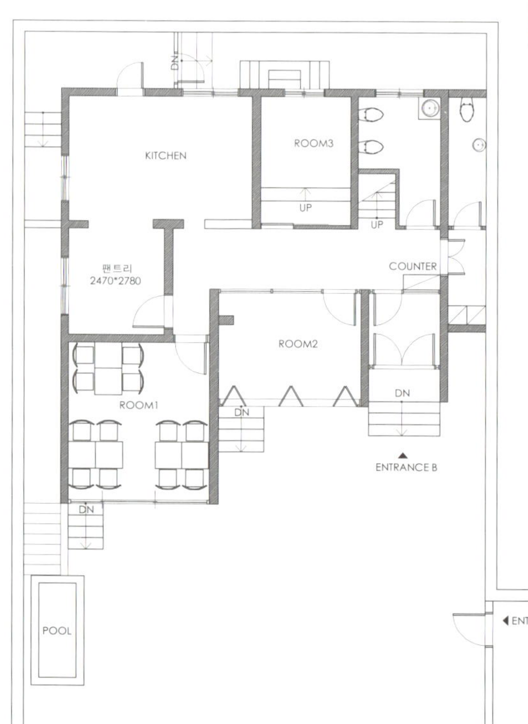

1楼平面图

它位于许多年轻人喧闹的鸭口亭街道，在那一角落，意外安静地坐落着一座餐厅，刚开始已为它只是单纯住宅，进去一看经过树木茂密的小径便看见“The somerset”字样的牌匾和低矮的栅栏，宛如电影里出现的英国式庭院，好像身临另外一个世界使人惊叹不已。

在此地部分展现20世纪初只能在书本上看到的著名艺术家的作品，称它为小型博物馆也不逊色，把21世纪现代人无法看到的过去著名艺术家的作品展示在80余平米的空间内供人们去观赏、感受、思考。它几个月前还是简陋、发旧的住宅，经过重新进行改建，原建筑物具有类似法国建筑物的结构，加上宽敞的庭院内原有的树最引人注目。

每屋用不同的风格进行设计，每处都可窥视设计师细腻的手法和深切的关注。宛如欧式住宅大厅的氛围，有许多梅花树以及掉落地面的花瓣，一楼由柔软的天鹅绒垫子和各种作品而布满，走上被空中洒落的花瓣影子辉映的红墙台阶便一眼望见绿茵庭院以及温柔的太阳光，且可以品尝刚从水族馆捕捉的新鲜的生鱼片的原木桌生鱼吧台填满了2楼的空间，在这里任何人都会陶醉在这特别的氛围之中。为了展示怀旧风格，地面材料和门窗材料主要用古典材料制作，1楼的水泥地面的设计也出自这种理由。墙面反复多次筑完拆，拆完再筑，窗户多次重新修整终于制作出完美结构，施工是在零下10度的艰苦环境下进行的，因此更具有价值、意义。但一想起有许多顾客与喜欢的人相聚在这里共度美好时光，深感其价值意义。

位　　置：汉城市江南区新沙洞642-6

用　　途：商业/餐厅

面　　积：330m²

表面材料：地面－木地板、水泥地面上铺设透明聚氨酯
墙壁－乳胶漆、艺术彩色漆
天棚－乳胶漆

设计及规划：Royal SHS

施工时间：2002.1.18 ~ 2002.3.30

设计、施工：Design Group inside co.，ltd.

本栏图片提供：设计集团

齐达内餐厅

Zidane

Jung Gil-chae
Design Group inside co., ltd.

"Zidane"作为仁川开航之后建起的第一家宾馆里的主餐厅，坐在那里可以观望仁川机场，有时感觉身临地中海沿岸的小村庄。初次业主要求的是意大利简陋的后街形象，但不符合星级宾馆内部的餐厅，因此重新计划设计案。尽可能地利用高举架，以dome装饰为重点，隐隐约约的照明设计更丰富异国风情。昼夜的氛围截然不同的大厅酒吧里面品味着清爽的啤酒和鸡尾酒以及意大利美食，加上舞台上面演奏着生活轻音乐使光临的顾客尽情享受。

原本认为充分消化装饰的天棚没有计划的那么高，应该放弃设计计划呢？还是虽有点憋闷还是照计划进行呢？很长一段时间拿不定主意。尽可能抬高了一点，但不是很满意，粗糙的白灰墙面的处理要达到我们原想的效果并不容易，并且装满各种谷物的艺术墙必须由设计师亲手设计才获得其效果。为了最大限度地实现结构特点，照明设计上也花费了很多精力，采用各种方式的安装设计，最终面对经过一个月的艰辛工作完工的"Zidane"受到了很多顾客的青睐，因此备受荣誉。

本栏图片提供：设计集团

Entrance
Drinking
Pantry
Cashier
BOTTLE KEEPING
Stage
+200
A/C.H/T
平面图

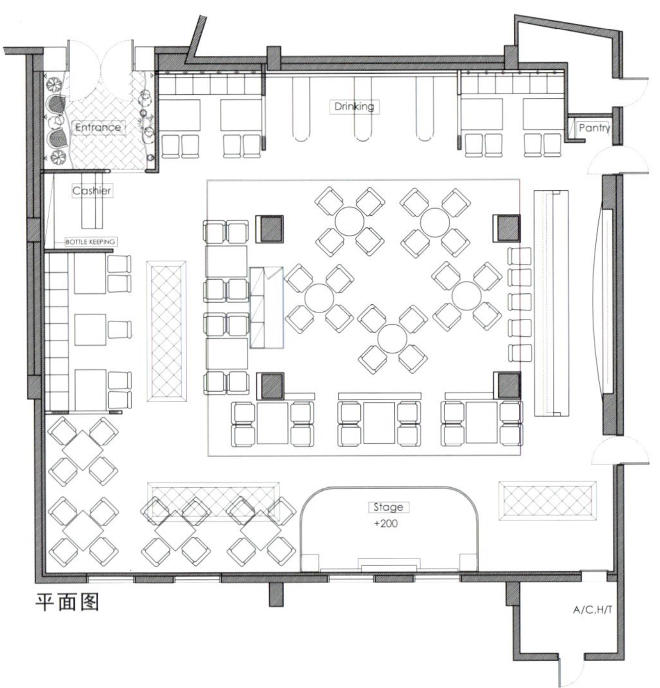

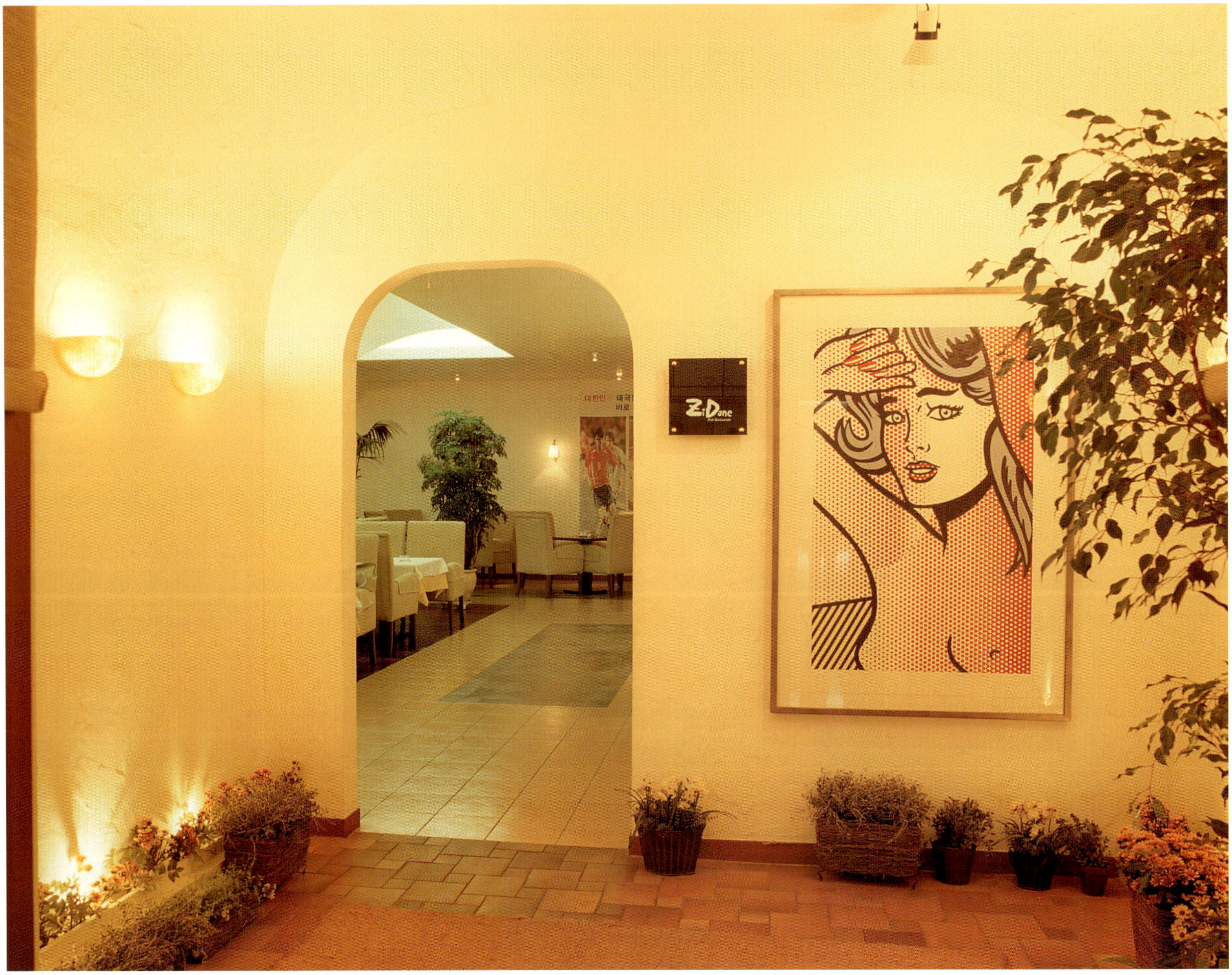

位　　置：仁川市中区恒洞1街
用　　途：商业/餐厅
面　　积：260m²
表面材料：地面－木地板、瓷砖
　　　　　墙壁－刮白
　　　　　天棚－乳胶漆
设计时间：2002.4.14～2002.5.4
施工时间：2002.5.8～2002.6.10
设　　计：Design Group inside co.，ltd.

翠影楼日山店

Chinese fine restaurant chew young roo

Kang Gi-te + Ko Taeck-hee + Kim Kyung-soo

勾画异安

表现

要探寻个人惯用的格调以外的其他领域。一味地追求空洞、拆除、解除后的余白，这其实不是真理的终极目标，而是滥发又一个修饰方式的另一种虚无。不刻意用明确的计算和精确的尺度进行规划，只是使之随意摆放，随意中却隐约显出一种另类的感觉，它们之间相互交流、感应，演绎与最初意图完全不同的另一种风格。

摆设

把现代技术的主题密度和岁月积累的智慧、深度相结合，它们之间相辅相成演绎出时间的转移和表现的深度。随意放在其中，通过与周边事物的交流萌生空间的生命力，现代技术反而被空出或反射成为背景，岁月积累的智慧蕴含深层含义显得华丽。“文字”所含有的文化象征意义在空间勾画一个强烈的轴线，渗浸现代主题之中引诱到内部空间。

摆设

手动的能动性。当蕴藏在古董里面的岁月的智慧被陈列在空间时，现代人如何去理解它所表现的深度呢？它比现代的先进技术更富有深度且表现得更加华丽。想象一下，习惯摆设的我们反而被陈列演出的感觉……。这里没有一处被设计家设计出的地方，只是当时的一段一段的瞬间随感觉而摆设或被摆设的，不敢称之为设计。

位　　置：庆畿道高阳市日山区白石洞341-1
用　　途：中餐厅
面　　积：1040m²
表面材料：地面－大理石、瓷砖
墙壁－大理石、织物纤维、
天棚－乳胶漆涂装
设计时间：2002.1.15～2002.1.30
施工时间：2002.2.1～2002.3.30
施　　工：Ko Taeck-hee
监　　理：Kang Gi-te + Kim Kyung-soo
设　　计：Kang Gi-te + Ko Taeck-hee + Kim Kyung-soo

LOCKER ROOM(W)
LOCKER ROOM(M)
KITCHEN 1
OFFICE
IMAGE WALL
KITCHEN 2

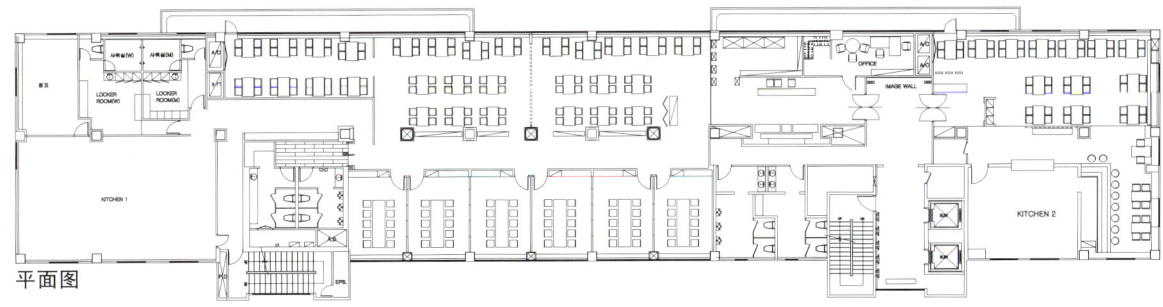

平面图

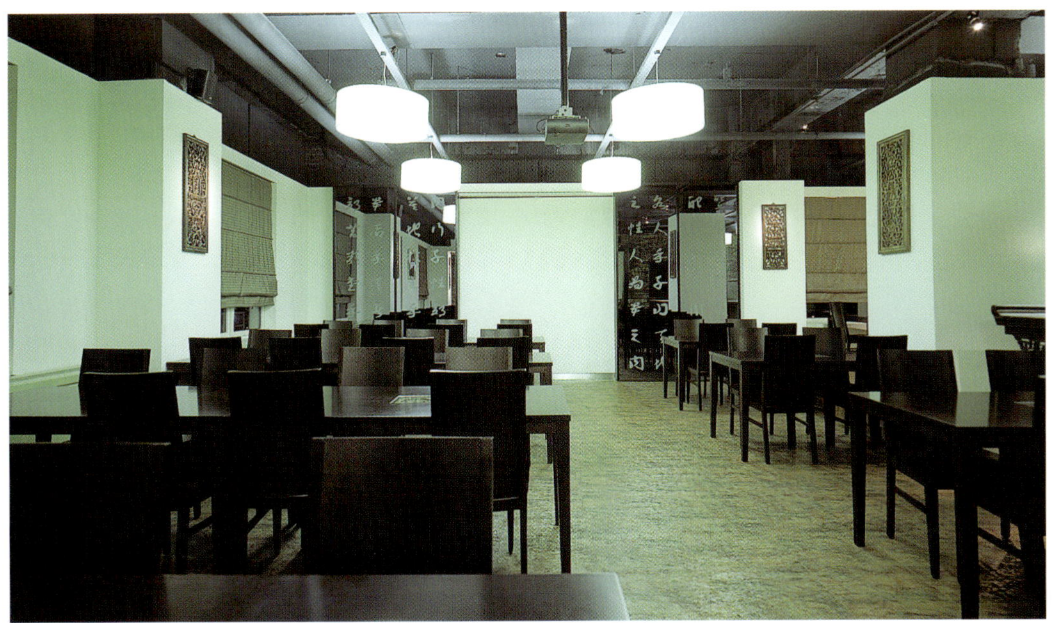

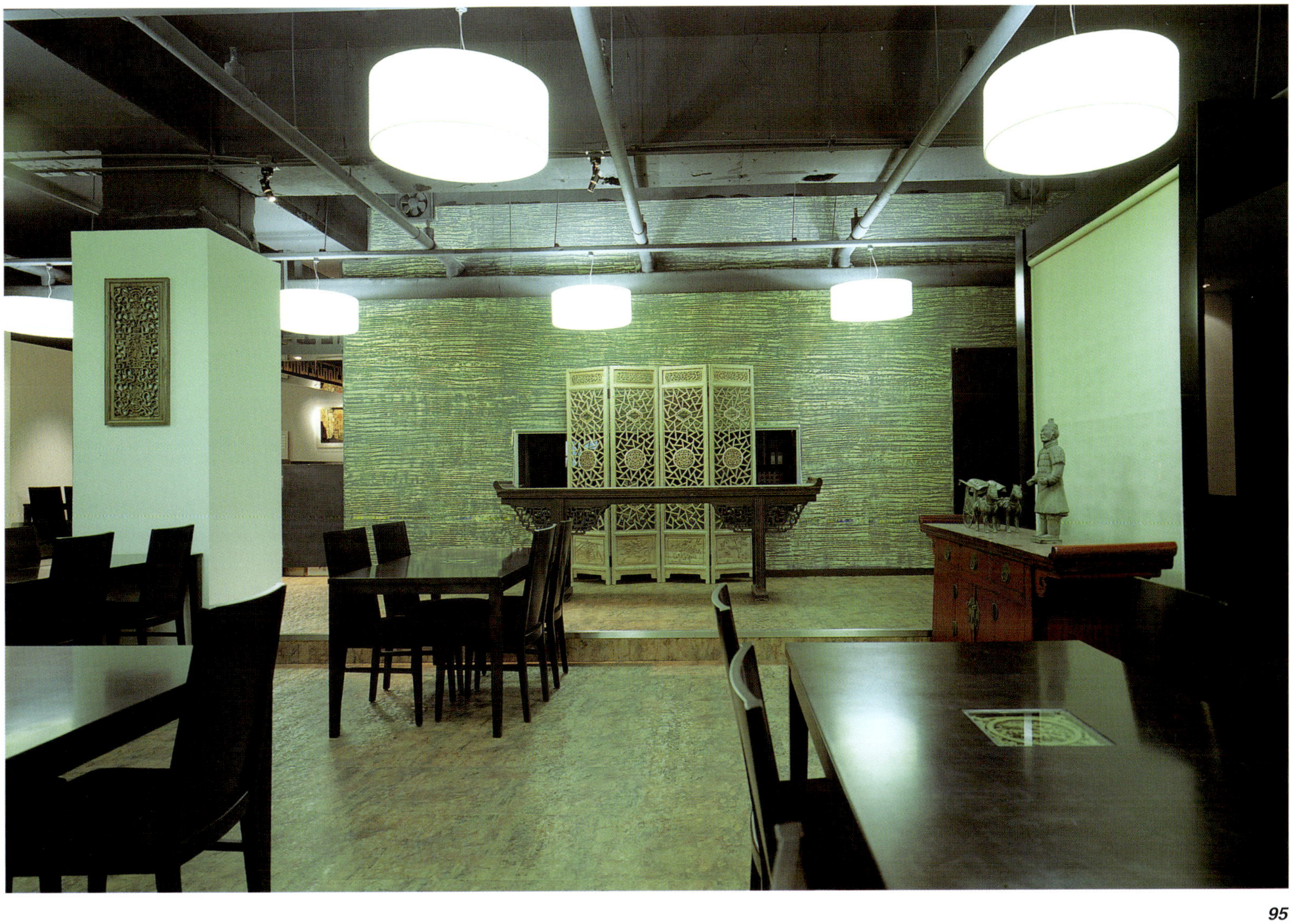

翠影楼日山店

Chinese fine restaurant chew young roo

Kang Gi-te+Ko Taeck-hee
异安展示厅

法

一中存所有，所有中存一

一即所有，所有即一

一个点中蕴含整个世界

每个点中蕴藏每个世界

无限悠长的时间是一瞬间的想法

一瞬间的想法是无限悠长的畏惧。

“线”

画一条线，它忽隐忽现，看似被隔挡其实被敞开，画条线变成两条、三条线，但其实还是一条线。

划分一条线便形成限定的空间，空间不是固定的物体，它具有生命力。结果，看得见的是物理性“实体”，感觉到的是剩余的“虚无”。

梦想

这是与挚友合作进行的第三个设计工作。

我追求超越感觉的东西，有时容易被看得见的华丽所诱导，却时常梦想着净化灵魂的某种东西。

比伦理更追求感性，比攻击性理性更追求平静的包容，因此，比人为的更宣扬无畏的东西。

多媒体

为了接近习惯于“多重性规则”的现代人，比空间性格更需要标榜多重性格的“情”，与日山区“翠影楼”是同一层次上的工作，但松坡区的“翠影楼”作为总店起类似球心的作用，是所有分店的母体。此处采用了较多的主题，由于日后都以此为模范，每个分店部分采用其母体的局部设计格调，因此具有Model Shop的特点。

把无表情的建筑物外观上变相采用中国式古式纹样给人一种强烈的冲击力。从外部进入到内部经过展厅，为了便于欣赏，规模上进行适当的调整，此处有小规模的展示厅可以购入中国传统的小工艺品。1楼为大厅，2楼是VIP给客户准备的包房，空间可以临时变动，适用各种人数的顾客。

“翠影楼”不仅仅是就餐的空间，也作为体验文化的空间，进入的同时品味其文化韵意，给每个因素插入实际主题和变通主题，个别形态本身不是独立的，而是通过与周边环境的某种关系来突出其个体。这里的各种主题是可容纳每个分店形态的多重规则，克服了同时代的多重水准。结果，分出的每个部分汇集成“一”，其实分出的每一个也是所谓的“一”。

位　　置：汉城市松坡区可乐洞120-1

设计范围：地上1、2内部，外观

用　　途：中餐厅

面　　积：547.8m²

表面材料：地面－大理石、瓷砖、地毯

墙壁－黑镜、夜明灯

天棚－乳胶漆涂装、织物纤维

设计时间：2002.4.15～2002.4.30

施工时间：2002.5.1～2002.6.30

设计、施工：ian gallery

本栏图片提供：ian gallery

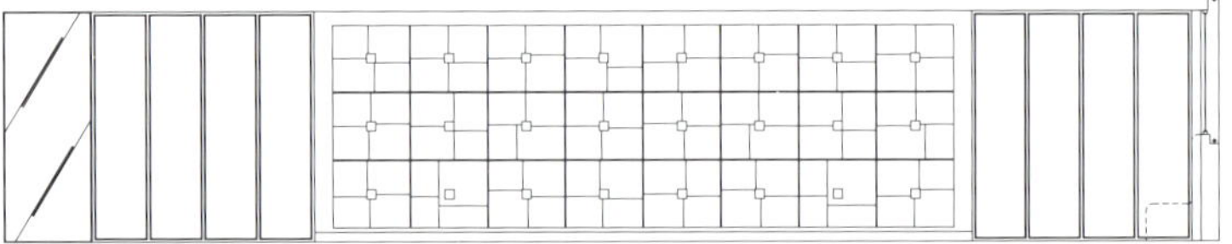

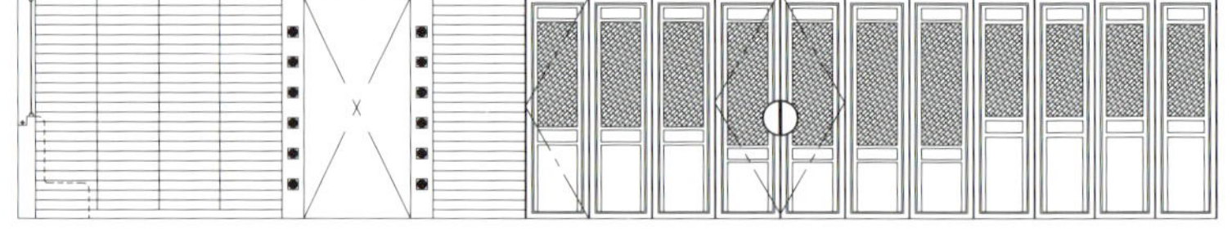

内剖立面图

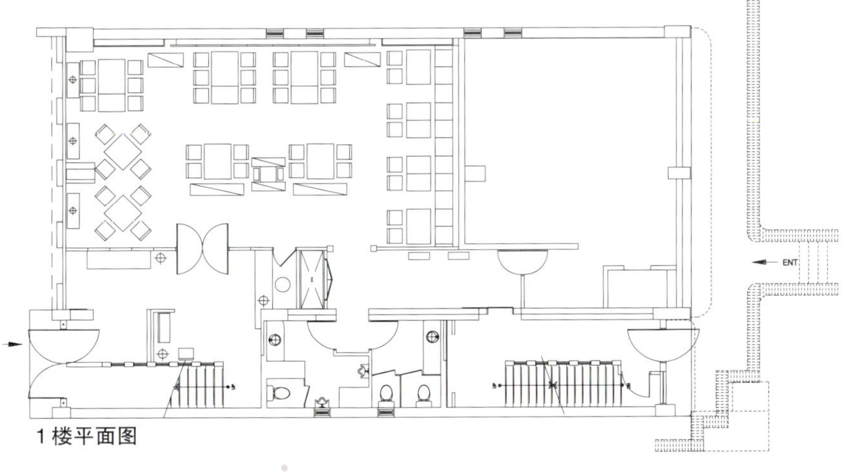

1楼平面图

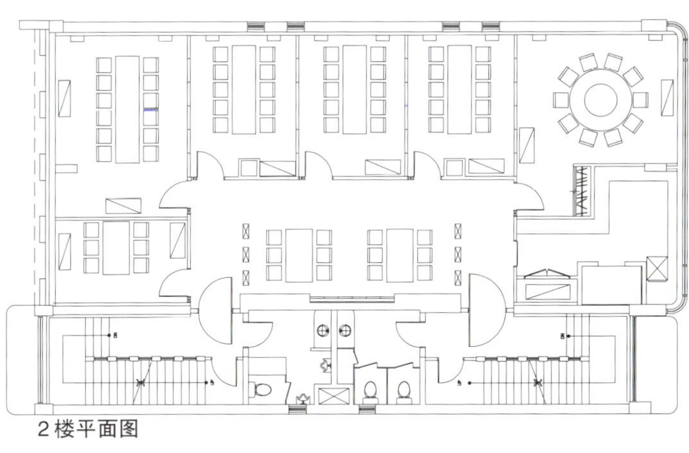

2楼平面图

KAHUNAVILL 餐厅

KAHUNAVILL 餐厅

Son Jin-san
（株）Modem Interior Design. Inc.

位　　置：汉城市松坡区芳荑洞
用　　途：商业 / 餐厅
面　　积：1 785.49m²
表面材料：地面－陶瓷砖、合成胶
　　　　　墙壁－草席、实木板、GRC
设计时间：2002.4.15 ~ 2002.4.30
施工时间：2002.5.1 ~ 2002.6.30
设计、施工：ian gallery

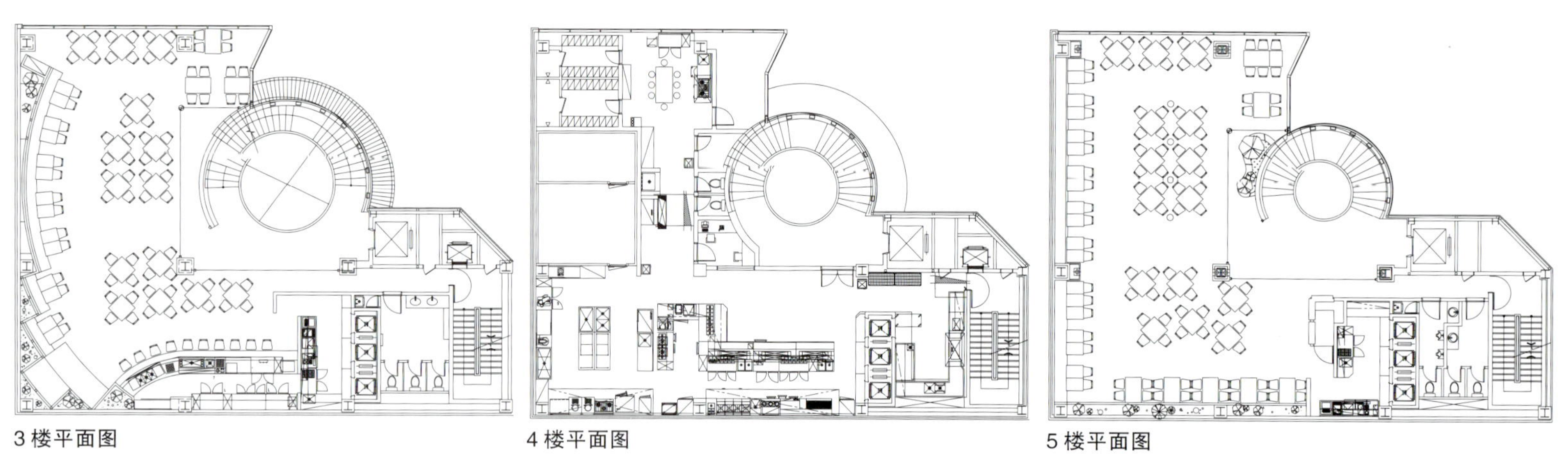

3 楼平面图　　4 楼平面图　　5 楼平面图

四季自助餐厅

Buffet Restaurant Four Seasons

Wilson & Associates+Clive Gray

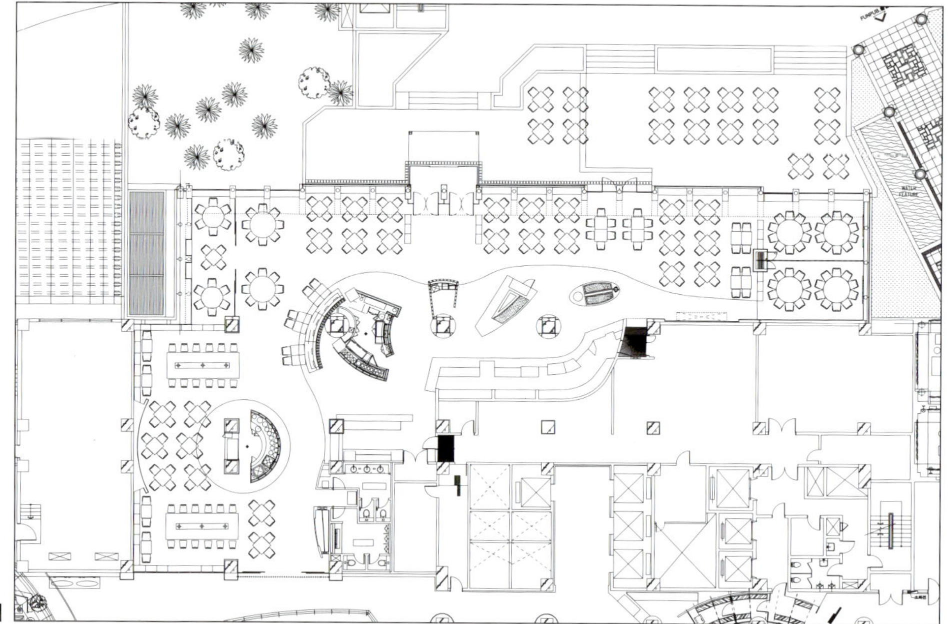

平面图

位　　置：汉城市广津区广场洞 喜来登华克山庄 宾馆内
用　　途：商业 / 餐厅
面　　积：909.71m²
表面材料：地面－地毯、瓷砖、黄玉、磨天石
墙壁－涂料、斑马条纹木板、磨天石、玻璃、NICKEL
天棚－涂料
设计时间：1999.3 ~ 2000.6
施工时间：2001.9 ~ 2002.1
施　　工：（株）KESSON 产业

本栏图片提供：（株）KEssen 摄影：李哲熙

花花

Japanese Restaurant Flowers

Kim Gwang-lim
二空二设计 e0e design

为了更深层地了解日式餐厅的风格和特点本人出差到日本。起初也没想过按传统的日式餐厅风格来设计，迎合目前日式料理综合化趋向希望能设计出更富有创新的空间。亲自去品味各种日本料理，同时去感受既专门又普遍化的空间要素。以此概念来推出的作品为“花花”日式餐厅，结构设施系统化却具有各自的独立性，各个空间又分块进行组合。

曾访问过东京的某博物馆，也有兴观赏过规划得井然有序的日式庭园，大自然赐予的简洁、静谧之中含有和谐、雄壮之美，这种感觉无法用语言来比拟，只能一味地去感受，其实大自然时时刻刻在我们身边，可我们常常却盲目地向往和憧憬它。我只想随意去勾画、再现自然，在这空间里自然就是感性的东西，比如用质感和声音来感觉它。

“花花”是日式餐厅，却不同于传统色彩，它以东方文化式的意象为基点来规划。也许东洋各国都具有其独创性的传统和文化差异，尽管如此其情绪在很多方面表现相同的规律。东方文化已成为世界性的文化思潮，也成为了非常意义深刻的文化形式之一。

位　　置：汉城市江南区驿三洞 678-21

用　　途：商业 / 餐厅

面　　积：1 楼 241.7m²/2 楼 333.7m²

表面材料：地面 – 印第安黑色瓷砖、榻榻米

墙壁 – 黑镜、特殊屏风纸、汗纸屏风纸、全息图、玻璃、螺、印第安黑颜料

天棚 – 油漆、黑镜、银镜、百叶窗板

设计、施工：二空二设计

e0e design

本栏图片提供：（株）二空二设计 摄影：金在润

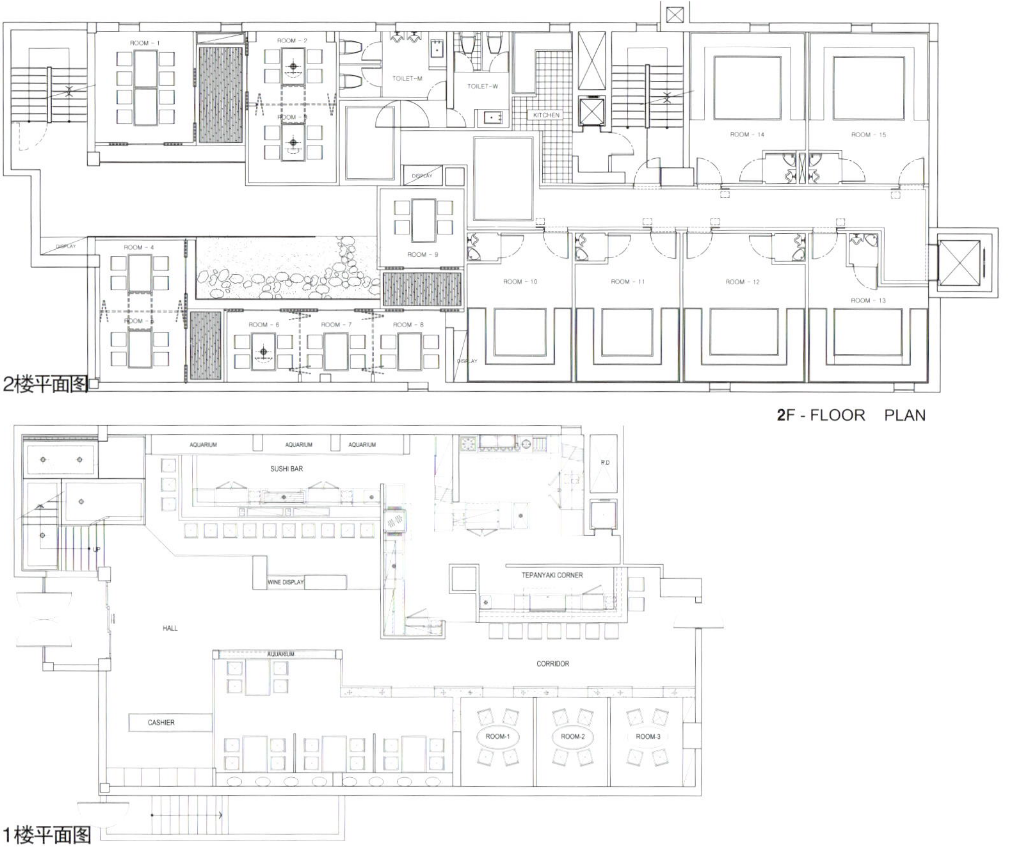

2楼平面图

2F - FLOOR PLAN

1楼平面图

YEN 综合西餐厅

Fusion restaurant YEN

Oh Seok-kyu

（株）建筑设计集团FUV space works FUV Inc

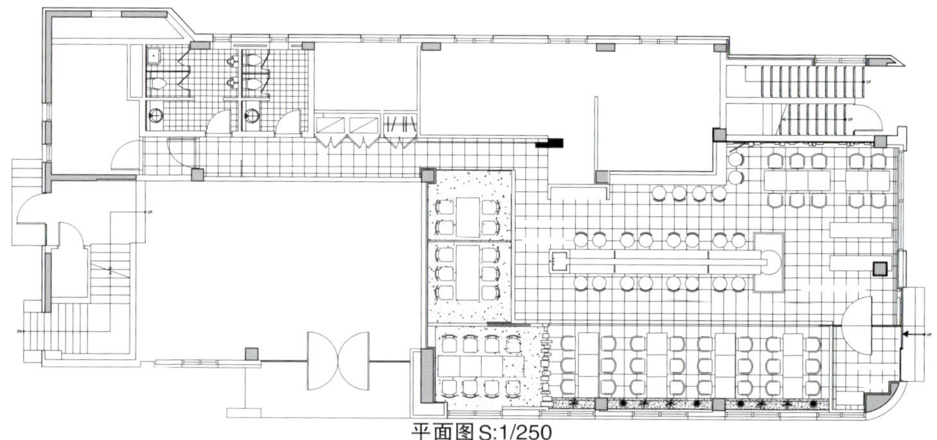

平面图S:1/250

外观垂直直线的不规则的形态和天然木横纹的对比使外部冰凉的感觉到了内部显得极其自然。

小山谷中的第一次相遇

云雾缭绕的丛林中期待着惊喜的晚宴……。

构成空间结构的树、石、水使顾客感觉到一种消除疲惫后的安稳感，左右侧可望见的木制和铁制材料不规则的线条反映大自然的变化，表现其丰富性。

照明装饰给空间增添古典风韵，以适当的均衡性表现平和氛围。

这座餐厅采用多种材料，在动态空间内引导丛林风景，加上重叠与透过性感觉。这也许是顾客们流连忘返的原因之一。

位　　置：汉城市江南区清谭洞
表面材料：金属上面涂装、木材上面涂油
内部材料：性染色剂
地面－抛光瓷砖
墙壁－金属上面涂装、条纹木
设计时间：天棚－乳胶漆
施工时间：2003.2～2003.3
设计、施工：2003.3～2003.4
（株）建筑设计集团
FUV space works FUV lnc.

本栏图片提供：建筑设计集团FUV 摄影：李东勋

大蒜迷恋

Mad for Garlic

Son Jin-san
Modern interior Design. Inc.

在狎欧亭洞开业的“大蒜迷恋”1号店受到了很多美食家们的好评，成功原因在于“大蒜”这独特材料的运用，更重要的是讲究氛围的美食家来说“大蒜迷恋”空间的比、幽暗、亲切的氛围使他们自然感觉到陌生的新空间中的一丝丝熟悉的感觉。那么“大蒜迷恋”2号店的设计重点是红酒，打开厚重的大门进入餐厅时跳入眼帘的是红酒瓶装饰墙和酒杯吧台，仅仅用酒瓶和酒杯也能象征其空间的装饰性格。吧台上面吊挂着的两排百余个透明酒杯就像枝形吊灯一样闪闪发光。

再另一个进入空间入口如同法国某个地区的红酒储藏库，与红酒颜色相吻合的破瓷砖和原木给红酒的芳香与味道增添一份美感。

“大蒜迷恋”的每个空间之间有隔墙，视觉上形成一个新的空间富有别具风格，用酒杯这一载体作为光源，闪闪发出的光芒给人生勾画又一种美妙的境界。

“大蒜迷恋”2号店位于汝矣岛，生动地展示汉城都市形象的汝矣岛上“大蒜迷恋”2号店却是悠闲、舒适的独特空间。

位　　置：汉城市永澄浦区汝矣岛洞23-9
面　　积：380.28m²
表面材料：地面－瓷器、瓷砖、大理石
墙壁－沙器质、砖形瓷砖、原木、天棚－边线、涂料
设计时间：2003.2.21～2003.4.10
施工时间：2003.4.15～2003.6.14
设计、施工：Modern interior Design. lnc.

WINE RACK
WAITING
CASH COUNTER
BAR
DISPLAY
WINE CELLAR
KITCHEN
HALL
COLD ROOM
OFFICE

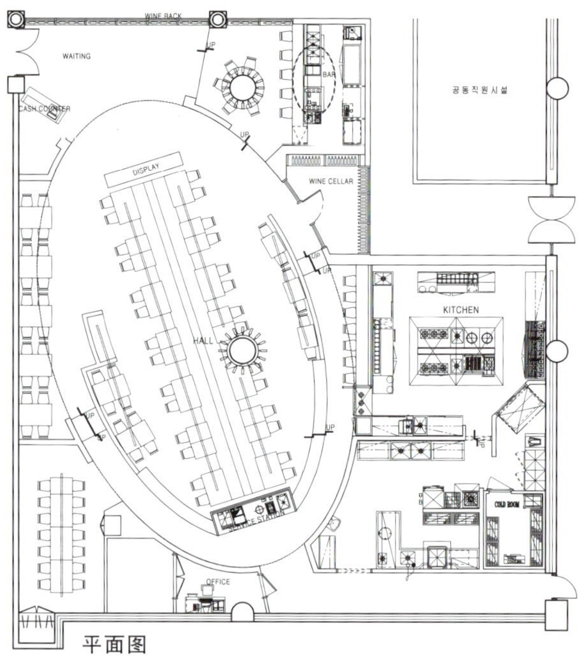

平面图

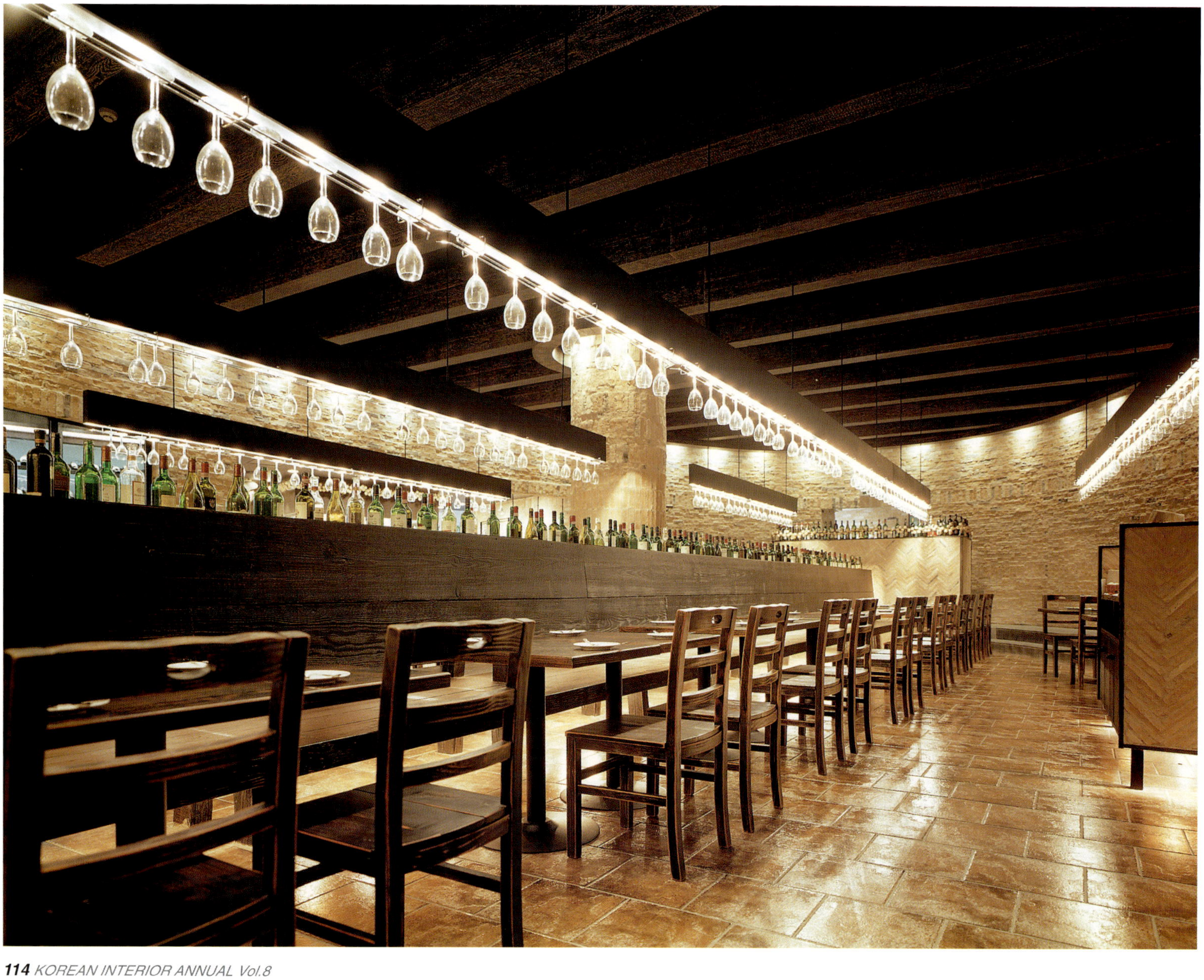

Blupond

Naoki Iijima + Marcia Iwatate
Naoki Iijima Design Studio + HIZUKI

“食”行为形成一种潮流已是很早以前的事情了，现在人们谈论的是名牌公寓、名牌时装。食文化在吃什么的基础上还要讲究在哪里吃，因此人们越来越关注周边较好的西餐厅，甚至还掌握那里的室内设计在哪些方面与主打菜系相吻合等事宜。

新东方风格西餐厅——东方中的东方

《Blupond》是食文化专门企业与日本餐厅投资咨询公司的Marcia Iwatate共同企划的西餐厅，它以广东料理为主的中国料理加上日式料理的东洋菜系为主。面对转遍地球再回到原点的东方文化我想起了它的根源，最终把握亚洲根源的中国本土的影响力，再把高档次的广东料理和其文化因素组织化。传播东方文化的载体中走在前沿最为活跃的是饮食文化。现在的食文化不单纯指韩式、中式、日式料理，它以崭新的面孔出现。

东方，相约东方

称为“Pao”的蒙古帐篷式住宅在平原、沙漠起安居作用，希望在此能演绎类似“Pao”的设计风格，给人亲切感的柚木为基本材料，从地面的间接照明带来的温度感更加柔化水泥墙面。纸和陶瓷照明与铝、金属相互照应给现代城市人提供温暖的休息空间。

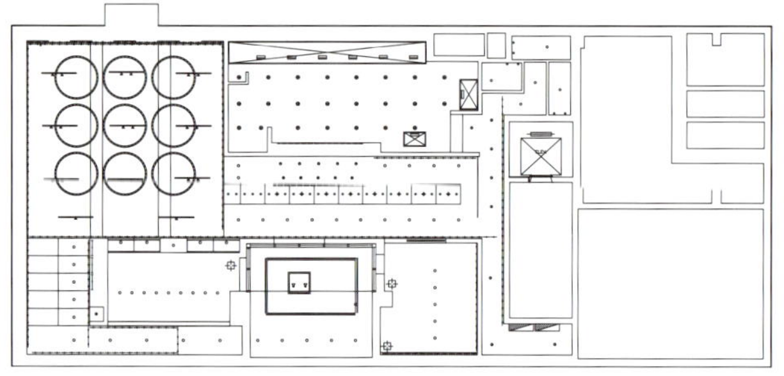

平面图

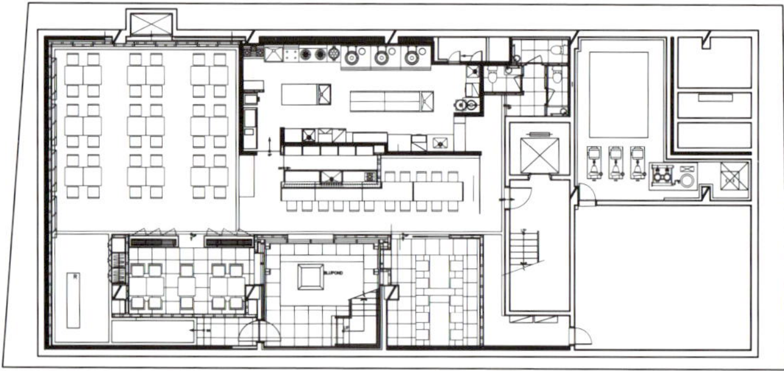

平面图S:1/400

位　　置：汉城市江南区新沙洞631–2
主要用途：商业 / 餐厅
面　　积：351.56m^2
表面材料：地面 – 胶泥、瓷砖
墙壁 – 胶泥、钢板、银镜薄板、乳胶漆
天棚 – 胶泥、黄铜保板、SUS薄板、乳胶漆
设计时间：2002.9 ~ 2002.11
施工时间：2002.12 ~ 2003.2
施　　工：（株）MANO Design
设　　计：Modern interior Design. Inc.

思味轩

Samihun

Ko Taek-hee+Kang Gi-tai
Ian gallery

本栏图片提供：ian设计 摄影：金太梧

风流

“不风流所也风流”

也就是说属风流的地方反而无风流，属无风流的地方却有风流。

表现手法上如果只顾追求装饰性，其作品却找不出任何美的地方，反而注重本质的表象活动将会拥有真正的美。

空地

把空间区分隔开后便产生了另一块空间，放弃它却舍不得，因此开始装点它便自然产生了某种关系，这样类似的群块拼在一起便形成了微妙的关系，它们表述着各自的故事，比如前面空间大非常热闹，中间被隔开却特别肃静。

膜

忽隐忽现，一眼望不到深感神秘，重叠后却显得深不可测，形态本身没有独立性格，从某种关系中形成重叠形象，并且演绎出各自的关系。

实用性

空间便从空的空间产生有用性，其有用性被人间的不规则行为填充，看似不方便其因素之间显得特别自然，这样一个一个有用因素自然组合形成有机空间期待着顾客的光临。

物料

把单纯的东西变得粗糙后与原来闪亮的质感相吻合显得朴素，被遮挡的形象更加突出，并且看起来未被加工的粗糙的东西引发往日的回忆，显得更加生动。

融合

一点点不足的东西汇集成朴素的空间，冰凉的包容温暖的，粗糙的包容柔和的，又宽阔的、狭窄的、隔开的，一眼显示不出来却隐隐约约散发的魅力使人常追忆过去。

繁琐

稍稍带点粗糙感，比极度的省略更表现一点点的繁琐，更注重人性的味道。

位　　置：釜山市射直洞三星大厦1楼
主要用途：商业 / 餐厅
面　　积：313.5m²
表面材料：地面 – 瓷砖、原木地板
墙壁 – 灰泥、壁纸、隔断
天棚 – 乳胶漆
设计时间：2003.2.10 ~ 2003.2.22
施工时间：2003.2.25 ~ 2003.4.5
设　　计：Ian gallery

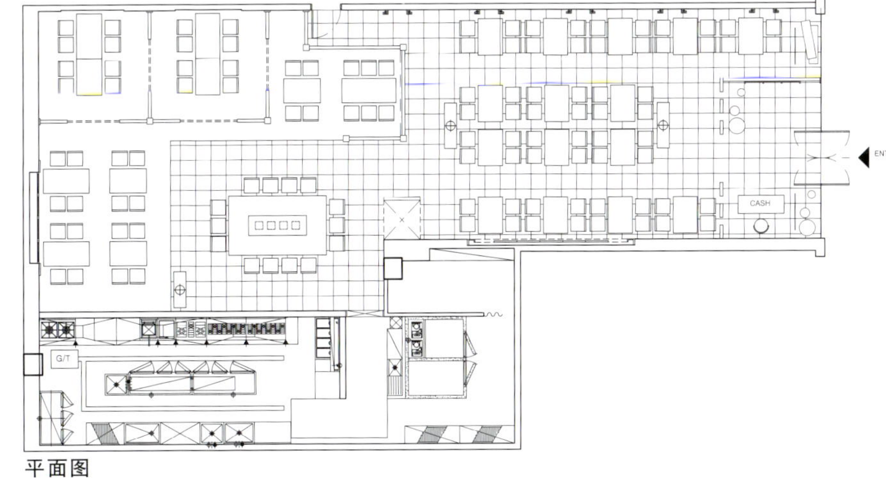

平面图

上海门

Shang Hai Moon

Kang Gi-Tai，Ko Thack Hee

Iangallery

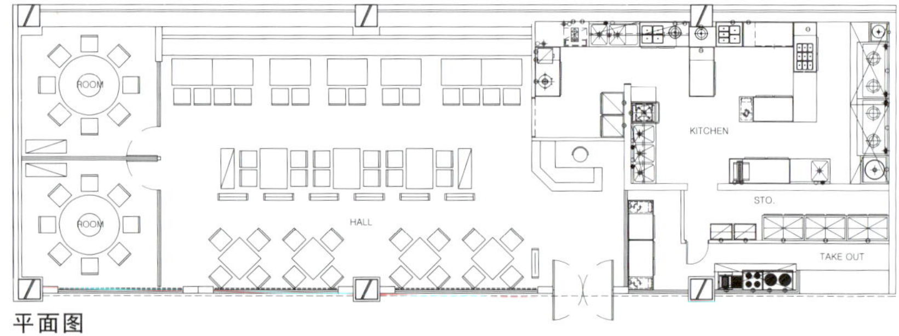

平面图

勾画异安

序言——如果说光是形态的生命，那么黑暗将是它的灵魂。

无名乃是天地的开始，不停滞才不会消失。

某个物体把名字去掉之后还能剩下什么呢?

最后只剩下的是任何名字无法取代的物体本身。

Rule——存在的方法在于不存在的事物上。

不完整的完成则有用，未填满的充满则真实构成空间的法则不是某一处或者被圈住的一块空间所命名的，它是敞开的、重叠的，丰富却被又圈住的，因此显得温馨而简洁。

Divide——采用填充的方法乃是制作凹形

在没有任何表情的空间内用几条线划分之后成为充满象征意义的领域。

类似屏幕的假壁面相互重叠而各自独立，其独立却相对重叠的多样性形成丰富的空间。

Function——在一个事物中不足的部分必定在另一处得到补偿

外送餐馆和专门餐厅相结合，互不相同的两种功能相结合弥补不足的功能。

外送餐馆类似后街的临时搭棚小吃，更加突出中式文化，给传统餐厅起点缀的作用。

横跨餐厅中央的隔断展示文化意向，区分各个不同层次的顾客群体，给正面开放的餐厅注入新的活力。

Materiel——弯曲则完整、笔直，凹进则充满，陈旧则崭新，少则得，多则繁杂

贫乏、粗糙、笨拙，温馨却又冰冷，突出且尖锐，极其柔和且多样，展示大自然的神秘，经常看到的极其平凡的事物……，这些点点因素形成最佳空间。

Culture——最优秀的往往没有形态，就无形之形来讲，说有则无，说无则有，比象征性的符号或者标示的罗列体现的极为平常的刺激，其本原的似有似无的灵性标示的组合更能突出文化含义。

每个设计因素都是从同一文化根源出发以相互不同的形态反射出来的形象，因此不仅仅是单纯的形态脉络，而是通过本质的联系展现异面的文化形象。

Epilogue——既脱离各种区别，且不被渲染，因此来去从容。

陈列了沉默之声的形态本质。

所有的形态消散之后的静寂和寂寞之中空间是如此美丽，而且是抽象的本质美。

本栏图片提供：ian Gallery 摄影：郑太梧

石岩石锅饭

Seo-Gam Dolsotpab

Park Bang-won

城市设计 CT Interior

光洲等全罗南道地区有5个营业点的经营主要求这次的设计能给顾客带来味觉、嗅觉以及视觉上的崭新感觉并且展示心情舒缓的高品格就餐空间。室内设计本身不只是造型美的创造，为了展示这一概念把它设计为如同精小的画廊一般，区分1、2楼的手法来设计。

“石岩石锅饭”的主打商品是“石锅饭”，它是韩国的传统料理，因此设计上将韩国传统形象和现代造型相互协调展现高雅、娴静的韩式料理空间，斜纹门扇的古典美、牡丹唐草纹样的华丽、象征富贵长寿的十长生和莲花唐草纹样的照明灯，像年轮一样一张张积累的墙体韩式餐具，联想起古城墙的凹凸条纹花岗石，以及黄土染色窗帘和隔断壁纸等等，传统与现代文化相结合创造特有的设计美感。

为了方便顾客与服务员之间的沟通有机界限，传统设计上餐厅照明都要求明亮，在这里却摆脱了这种传统观念，采用间接照明和现场制作的照明体现设计的丰富多样性，为了空间循环，隔断之间设置照明灯和砖瓦，用不同材质的陶瓷、石竹、燕子花、金囊花等野生花盆栽，提供自然的舒适感，1楼大厅的空间设计宽敞、大方，2楼的空间相对显得安静、悠闲。

位　　置：光洲市光山区月曲洞
主要用途：商业/餐厅
面　　积：1楼264m² 2楼132m²
表面材料：地面－瓷砖、陶瓷瓷砖、大理石
墙壁－条纹木、花岗石、瓦、黄土染色布壁纸
天棚－吊棚
设计时间：2002.11.3～2002.11.20
施工时间：2002.11.21～2002.12.30

本栏图片提供：城市装修公司 摄影：赵太勇

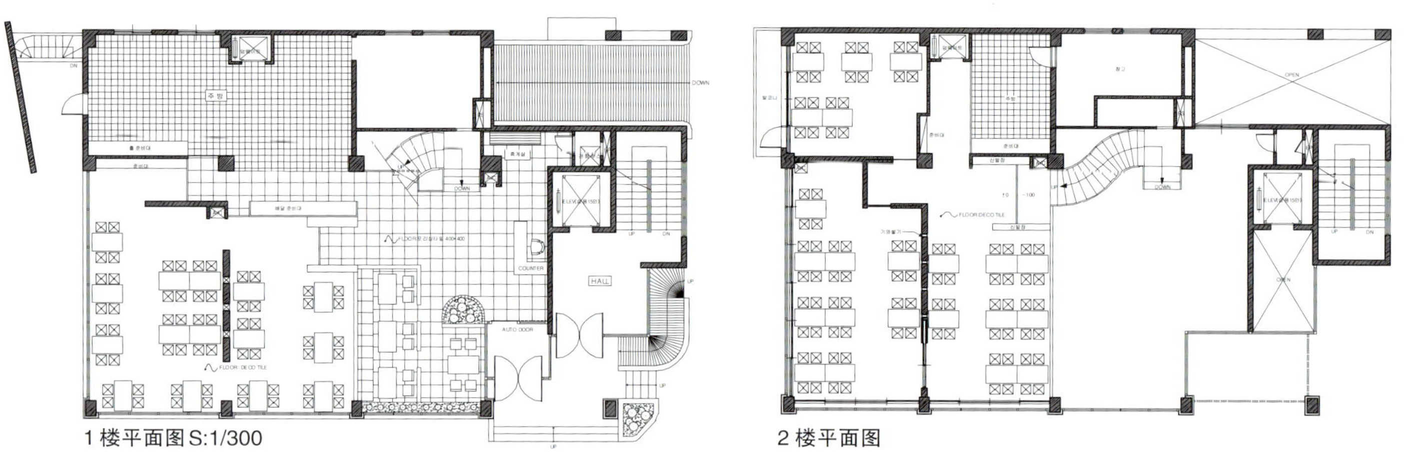

1楼平面图 S:1/300

2楼平面图

新阿郎

New Arang

Kim Sung-yong
OI Design

亚洲中的亚洲

韩国、中国、日本……

尽管都属于亚洲国家，但不同文化圈内均衡、协调、差异同时存在。

韩国式的传统、中国式的华丽、日本式的简洁，它不属于任何类特征它是另类的严紧和文静，属中性风格。

规则与不规则的线在其中形成面，面与面相遇产生空间，空间与空间相遇以狭长的光线连接成一，白色垂直线与黑色水平线以及斜赤色线与灰色形成有机的组合，乍看冰凉或沉重的面用韩纸的柔和与自然感觉所包容。

位　　置：汉城市江南区月清谭洞 88–38

主要用途：商业 / 餐厅

面　　积：235.3m²

表面材料：外部 – 彩色玻璃、不锈钢

地面 – 胶泥上面涂装、瓷砖、实木

墙壁、天棚 – 陶砖、韩纸

施工时间：2002.10 ~ 2003.1

设　　计：OI Design

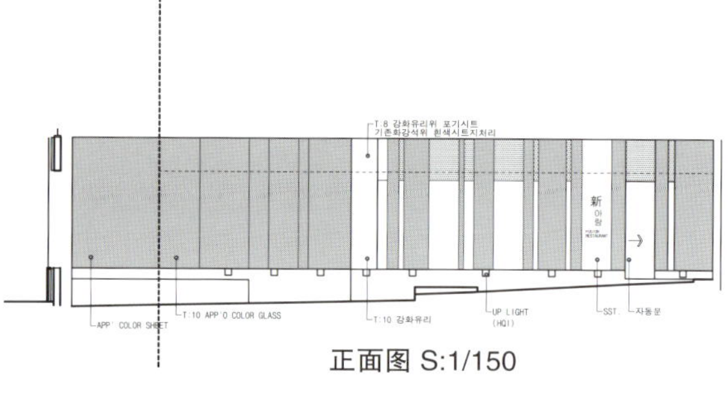

正面图 S:1/150

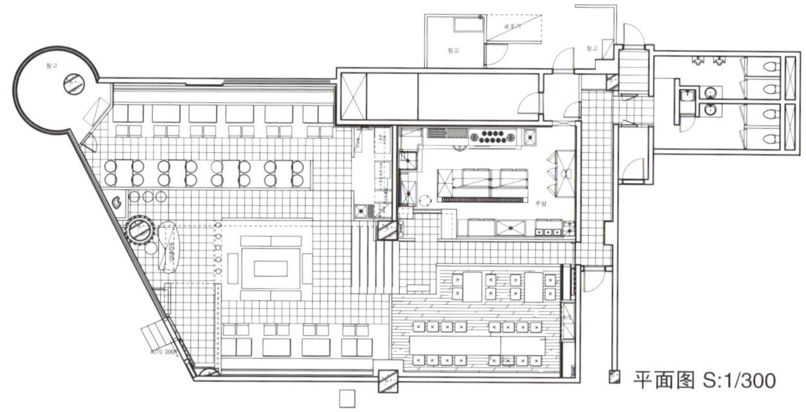

平面图 S:1/300

雨后

Thai Cuisine-After the rain

Shin Sung-soon
Will Great & Partners Global inc

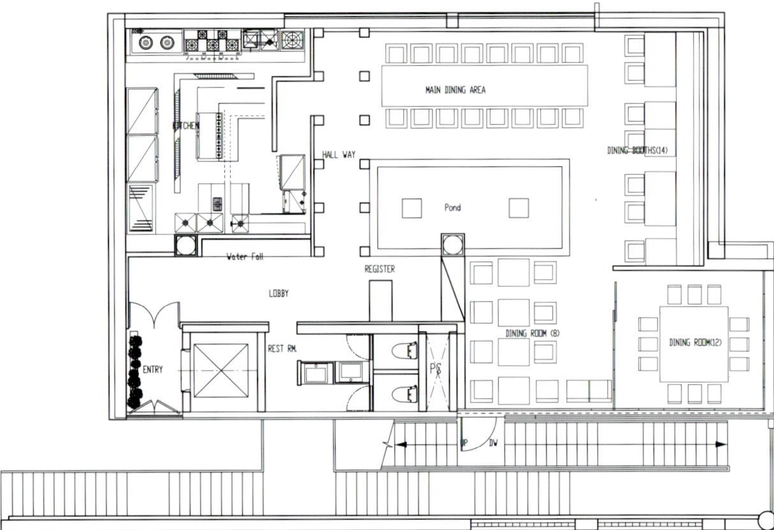

平面图 S:1/200

Thai spa, the natural way to health and beauty

意识，意识流
精神、记忆
光－影子，月光，风，水波，
过于幸福又过于悲伤的，时常共存的一种透明的美丽。

——莫扎特

保灵格对于游牧民族艺术中的植物装饰这样评价：“几何学样式赋予的是无生命体的形成法则，不是以表面来体现的物体本质，因此植物装饰赋予的不是植物本身，而是外表形象的合理性。”

如同几何学样式一样，在原则上摆脱自然原形的这种装饰款式直到后世才可能接近自然主义。纯粹装饰是抽象形象最终自然化的，而不是自然形象最终样式化的，原始因素不是自然原形而是从那里抽象化的。

抽象与恐怖和不安没有任何相关，一般情况下它都是一次性存在的现象，在意识变化的情况下也是其本身愉快的“游戏”而已，并且这种抽象的线不是有机的、几何学的、勾画中的线，它常出现在原始人时代、先史时代或者游牧民族时代的艺术之中。

游牧民族即使目前生活着的土壤荒废了也不离开此地，相反执意在此地重新寻找适应的生存方式。在沙漠或草原等荒废的土地上寻找生存方法的乃是游牧民族，寻找必要的条件而移动期间在荒废的地方等待另一种生存机遇的乃是游牧之理由。

我意识到我生活在沙漠却未能完整地看过它，以前，常常望着高山想象着山外的一切，现在越想越难忘。

被mother water所引导开始了五感体验旅行，就像陷进摩洛克之美一样的脚底感觉，雨滴声和幽幽的钢琴声，白色墙对面悬挂着摩亚金字塔的直线形彩虹的记忆，嘴唇品尝美味的瞬间画面变成七彩色。

方形，方形……物体中密度无限沉重，“被吸进里面变成一个点也是一件非常美妙的事情……”瞬间身体在细语，流淌在体内的冰凉的美味香槟酒使人们重温这里就是“After the rain”。

第一天所发生的一切美妙的事情该向谁倾诉呢？不，不是倾诉只想共同享有。

位　　置：汉城市江南区清谭洞92-16
主要用途：商业／餐厅
面　　积：182.5m²
表面材料：地面－瓷砖、原木地板
　　　　　墙壁－展览工艺门、天鹅绒
　　　　　天棚　清水泥露出
设计时间：2002.11.1～2002.12.1
施工时间：2002.12.5～2003.1.15
设　　计：Will Great & Partners Global inc.

如海

Japanese & Korean nouvelle cuisine Yeohae

Yoo Jeong-han+Jeon Beom-jin
（株）NEED21

位　　置：釜山市海云台区中洞 1404-39
主要用途：生活设施
建筑面积：323.56m²
规　　模：地下 1 层；地上 4 楼
表面材料：外观 玄武岩、传送带、不锈钢、细线条
地面 - 玄武岩、原木地板、波罗麻纤维
墙壁 - 玄武岩、染墨韩纸、传送带、条纹木
天棚 - 清水泥露出
设计时间：2003.2.15 ~ 2003.3.15
施工时间：2003.3.24 ~ 2003.5.23
设计、施工：（株）NEED21

COUNTER
ENTRANCE
AUTO DOOR
HALL
WAITING ROOM
ROOM-4
UP
DN
平面图

ELESIS
EOS

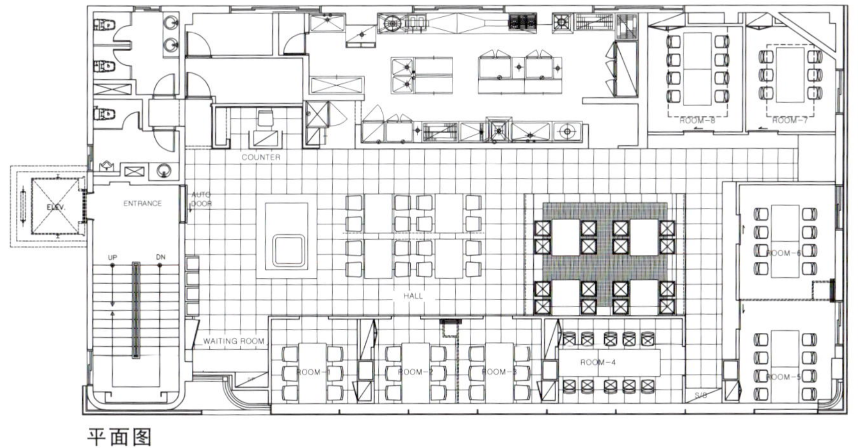

EXIT

泰国料理专门店—— Juniper

Juniper

Kim Dae-hyun
Total Interior Architecture Design

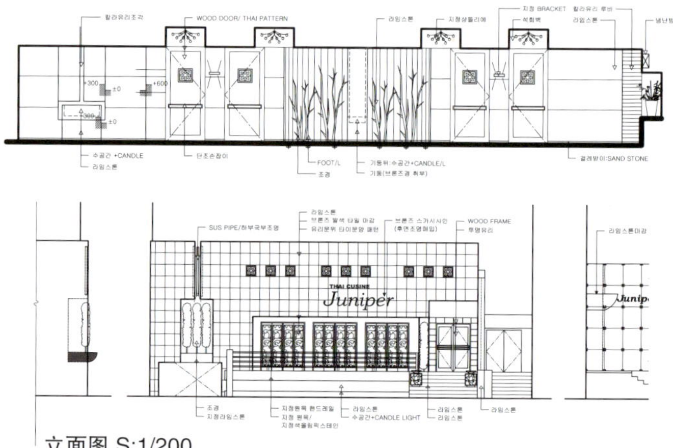

立面图 S:1/200

从粉堂到光洲的山脚下像雨后竹笋一般排列着高档餐厅和咖啡厅，家庭郊外旅游或者朋友聚会时经常光临此地，如今一传十十传百，从很远的地方前来品尝美味的顾客也越来越多。泰国料理专门店 JUNIPER 也坐落于此地。玻璃橱窗里面隐藏的红色灯光的华丽常常吸引过往的人们，墙面各处装饰的各种形态的花纹炫耀着其细腻情感，演绎着异国风情。内部用时尚和泰国传统相融合的格调进行装修，墙面各处挂着名画家的作品展示古典情趣，为了进一步提升泰国料理的可口、干辣的味道，室内的装饰品和工艺品自然引导顾客的脚步，就餐中也能欣赏它。

1 楼采用断层差距分成两个大厅，前厅与外部形成自然连接，随季节变化运用自如。2 楼由各种装饰格调的大小包房组成，连接各个包房的走廊用简洁的白色起到统合作用，因此区别于走廊的每个房间更加显得华丽、丰富。

不久前，品尝泰国料理也算是不寻常的事情，随着东南亚旅游业普遍化，以及美食家们喜好挑战新领域慢慢地形成大众化，并且到任何地方也能找到泰国料理店，但是要品尝正统的料理并不容易。

JUNIPER 餐厅的主厨是从泰国本地聘请的，这样的专门店在国内没有几家，干渴的辣味回感清新、不油腻，专用的香料也不觉厌烦。在这里人们可以尽情地品味泰国料理的各种辣味、甘甜味。根据色味增添装修美感的室内空间里还可以欣赏异国风情。

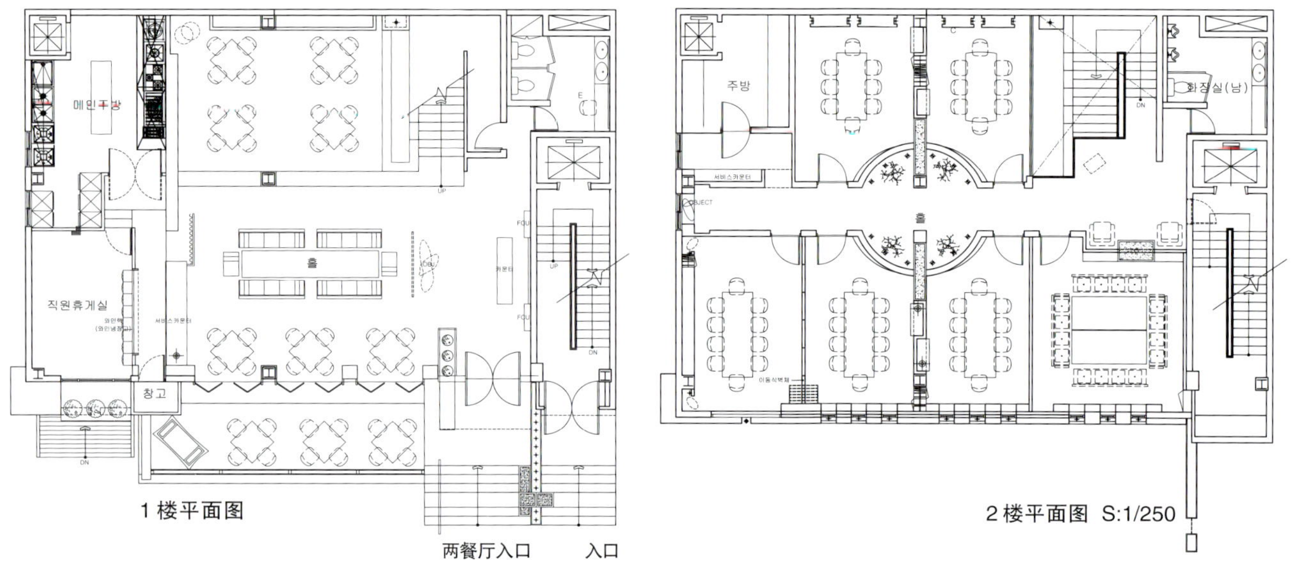
메인주방
직원휴게실
창고
주방
화장실(남)
1楼平面图
2楼平面图 S:1/250
两餐厅入口
入口

位　　置：庆畿道诚南市
设计范围：粉堂区粉堂洞
主要面积：地上2楼、外部
建筑面积：商业/餐厅
规　　模：510.02m^2
表面材料：地下1层；地上4楼
地面－原木地板
墙壁－天棚－乳漆
设计时间：2002.9～2002.10
施工时间：2002.10～2002.12
设计、施工、监理：Total Interior Architecture Design

Restoyaki 清潭安

Restoyaki Chung dam Ann

Lee sein
Design Mieux

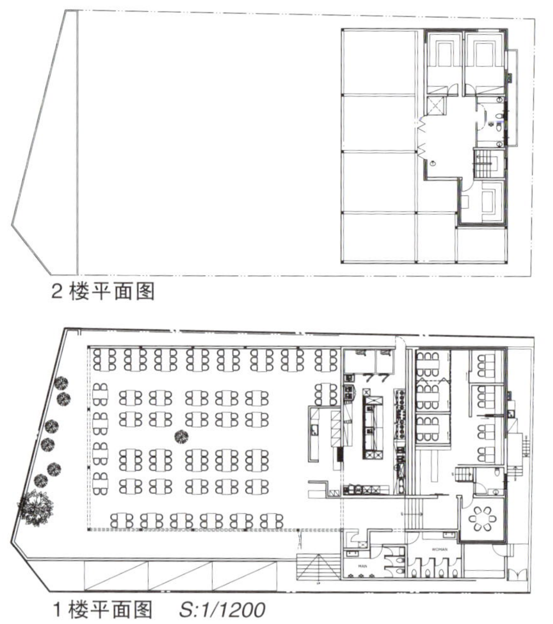

2楼平面图

1楼平面图 *S:1/1200*

兜里没钱或嘴馋的时候来去没有顾虑的地方是大排档，饮酒过量后可以暂时停留休息的小酒吧，可以与初次相见的异性朋友寻找的文化餐厅……，蕴含着这些各种酒文化的地方就是“Restoyaki 清潭安”。

业主一再嘱咐不能显得太华丽，根据它的要求用露出的H梁和水泥板、铜铁板、从拆迁地方搬来的旧木块形成外表，没有一处新材料的表皮流进内部通过直接或间接的照明体现异色风景，起初计划做可开关自如的天棚，但我国法律上不允许最终未能实现，幸好用占建筑表面一半多的开放性门再现了其氛围。

我们认为酒与料理相融合的文化在亚洲更为盛行，因此把侧重点放在了东方文化上。水泥板和铜铁板的凉意和松树以及红色有时会给人一种不快感，但加用了日本竹，增添柔和感。稻草为材料的壁纸以及无法判断中式还是韩式的花纹门扇，从西藏搬来的家具、东方风格的隔断，所有的这些因素形成东方文化，其中韩国传统的坛罐表现韩国的风格。把侧重点放在自然因素上，因此未加修饰的每个表面材料也体现着自身的自然美。

音乐和美酒以及空间里的人……，这些融合在一起形成一个完美的画面。

位　　置：汉城市江南区清谭洞118
主要用途：商业／餐厅
土地面积：798m²
延 面 积：661.71m²
表面材料：外部－露出H梁、水泥板、石块
　　　　　地面－泥浆上面涂环氧化物、水磨石、原木地板
　　　　　墙壁－水泥板、破壁、石膏、壁纸
　　　　　天棚－管线上面涂油漆
施工时间：2002.8 ~ 2002.9
施工时间：2002.10 ~ 2003.2
设计、施工：Design Mieux

Tony Roma's 汝矣岛店

Tony Roma's 汝矣岛店

Han Jeong-won
DAEHYE Co., ltd

在高楼大厦密集的汝矣岛的证券街一代荒凉、烦闷的氛围之中很难找到放松心情畅所欲言的地方。到处可见的灰色与冰凉感觉的铁制或玻璃建筑物，有时人们的心情也随之变得灰暗。在这种氛围之中放松的休闲空间是设计的出发点。把整体空间明确区分内、外两个概念，区分公共休息空间和走廊空间，且通过餐厅各个出入口增加外部的吸引力。

休息室和走廊的地面用不规则的石板形态和浮雕瓷砖铺设，墙面也用石材和砖等外装材料演绎外部空间的氛围。

Tony Roma's 餐厅在汉城市内开了6个连锁店，在人们的印象当中它是舒适、亲切的家庭西餐厅。汝矣岛店的天棚也采用低吊设计，砖墙、自然纹木的采用保持了原有的温馨、舒适的感觉，为了体现汝矣岛的地区特点，采用与其他店不同的酒吧空间，实现原有建筑的天棚结构，大量引用植物形成了独具特色的空间。特别配置的团体室为商务聚会而准备，用不同的设计和家具显得高贵。在闲余的每个空间进行景观设计，缓解了建筑式的荒凉感，注入了新的活力，使人流连忘返。

位　　置：汉城市永澄浦区汝矣岛洞23-9
主要用途：餐厅
土地面积：531.80m²
延 面 积：661.71m²
表面材料：地面－瓷砖形地毯、木板
墙壁－涂装、砖、瓷砖、壁纸
天棚－涂装、Back Painted Glass
设计时间：2003.2.15～2003.3.30
施工时间：2003.3.17～2003.6.14
设计、施工：DAEHYE Co., ltd

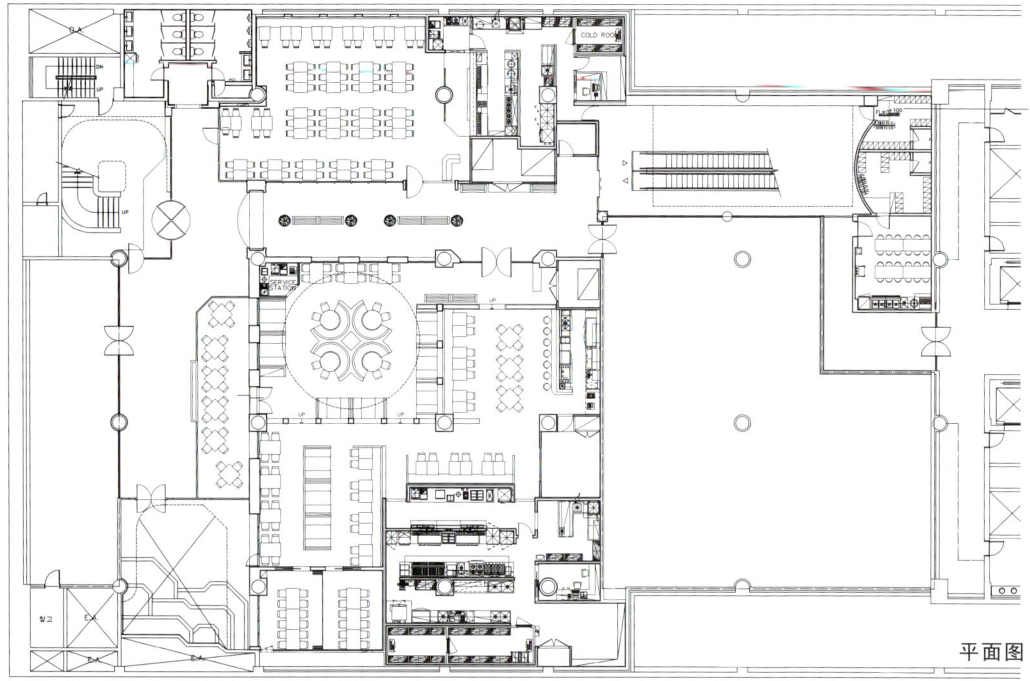

平面图

I N

KOREAN
INTERIOR
ANNUAL

商业设施一吧

La Sendai

La Sendai

Yoo Jeong-han
NEED 21

不知每个星期的名字从何而起，至少在韩国每个星期的名字是从宇宙天体中索取的。日与月、火与水、木、金属和土，我们生活在由这些形成的世界上。“La Sendai”在这个意义上如同小宇宙。

进入之前占据整个空间的不锈钢，穿过1、2楼的金属百叶窗隔断，餐桌和椅子上的日本衫松，2楼墙壁上流淌的水，房间表面的染墨纸等等，这些是形成“La Sendai”的各个因素。

其中有类似餐桌、椅子的物体,也有被零乱组合的物体、也有被灯光发射的物性。设计家通过这所有的材料使自然材料和半自然材料共存，引发不同材料之间的冲突，并且通过整理其冲突的题材来进行细部设计。

把此地概括为“单调空间”，“黑色空间”，高而深的正面“深”因发射到台阶金属表面上，光变得“淡”，最后通过玄武岩和水再次变深。起初空间由衫松构成的2楼变得淡薄一些，直到举架高的最后一个房间变得深、浓。可以自由移动空间来调整深浅的原因是在建筑快要竣工的时候施工的。不是固定的块可随意调节，有时可开放不同空间或有时可随意调节举架。

在1楼可享受的另一个趣味是吧台旁边的单间。面向里面稍微敞开，拿设计家的比喻来讲，此地是进入嘴里的食物穿过食道的功能区一样，可以摆放几张餐桌填补空间，但为了进入里面的客人着想空出了地方作为专用通道。把天棚和墙壁作为屏幕填补图像。流淌水的2楼，流淌光的台阶是另一种趣味空间。

“La Sendai”里面有很多斜线，1楼的单间、2楼的包房也如此，平面斜线以空间深度表现，实际上短的距离显得长一些。日前看过一本反映视觉效果的各种图片汇编的书，从中感受到实际空间和感觉空间确确实实各自存在。何为真实的？谁也不敢断定。在此感受到的兴趣来至其差异中。

本栏图片提供：郑炯旭

位　　置：汉城市江南区清谭洞 100-6

面　　积：1楼 257m² 2楼 230m²

表面材料：外观－黑色不锈钢、蓝色木板

地面－玄武岩、木地板

墙壁－不锈钢、软钢板、衫松木

天棚－涂装、软钢板

设　　计：NEED 21

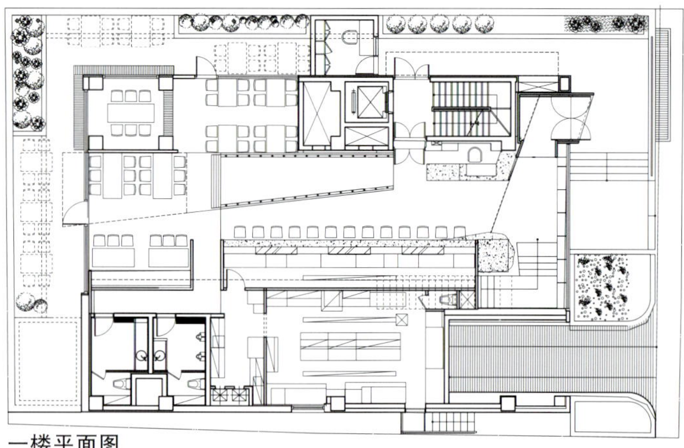
一楼平面图

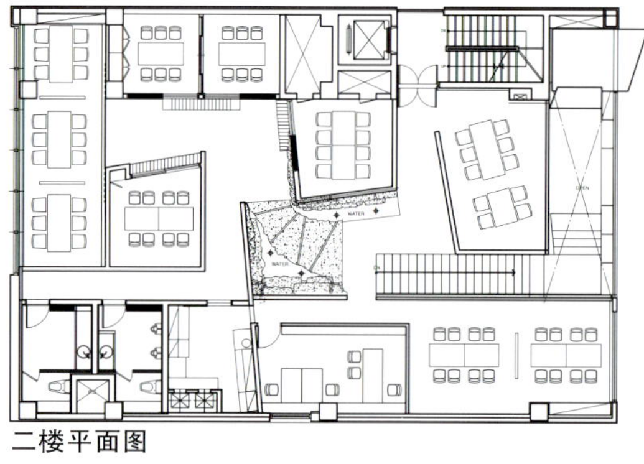
二楼平面图

Celebrite

Celebrite

（株）Poongjin Interior Design inc.

SUN KEVN 段面图

2003年夏天。不仅清谭洞是可覆盖全世界的强烈趋势，还是传统与混合都归属于“东方风格”，表面上看非常普遍的东方风格显得别具一格是因为“Celebrite”不是亚洲餐厅，而是专门提供世界各国各种酒的酒吧。

3、4m高度的屋顶和水泥墙粗糙的表面上施工的古色古香的上楣线条，以镜子和金子框架制作的类似像框的吊顶空调，中国风格的红色贡缎上面用金色编制花纹的墙面，绘画韩式花纹的地毯，树叶纹样的织物和设计线条简洁、大方的时尚家具，感觉非常奇妙而分不清东方风格还是西方风格。

“顾客视线”作为设计重点，特别是在招待者角度来看要充分考虑顾客情趣和喜爱的风格，应站在顾客的视觉角度寻找设计主题。不过分离奇也不过分拘泥，引导新的、自然的感觉才是设计的风格。使顾客在舒适、悠闲的氛围中享受美酒、进行交流。

位　　置：汉城市江南区清谭洞
用　　途：商业/餐厅
面　　积：160m²
表面材料：强硬线条+水泥面
设　　计：(株) Poongjin Interior Design inc

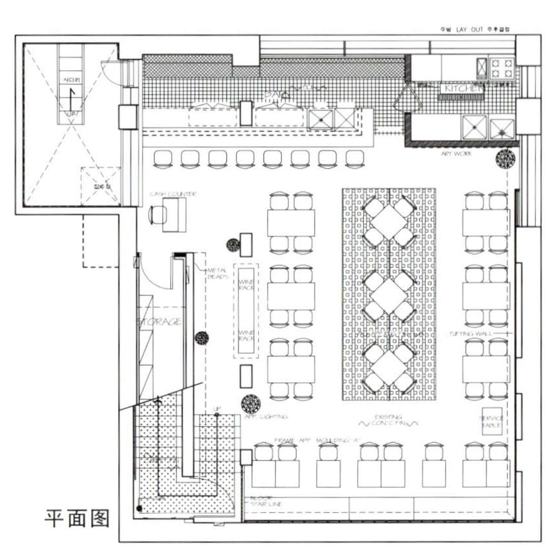

平面图

Dabidabi IZAKAYA

Dabidabi IZAKAYA

Kim Yun-soo
BON Design

“Dabidabi IZAKAYA”想蕴含人与自然的关系，人类是不能从宇宙和自然分离的一个部分，因此要追随自然属性，且保持与自然的一致化，也就是说把人类容纳自然的因素作为设计的主要风格。

日本对空间概念的解释为，神秘且隐含的，无法认知却时时刻刻存在于我们身边的相对空间，接近竹林中的亭子这一概念进行设计，制作自然空间与人为空间，使人感觉到坐在竹林中的亭子里面的氛围，既强调每个空间之间的领域性，也安排了可相互观望的开放空间，通过入口处小走廊进入室内空间，竹林中的亭子和左侧美人图玻璃墙的室内空间把内外概念在同一个领域内表现，在其中人们被自然同化，想象着美味的料理、美酒，愉快的交谈、聚会，这人类原始的形态，希望经常能与这样的自然为友。

位　　置：庆畿道元州市谭桂洞
用　　途：商业 / 餐厅
面　　积：230m²
座位数量：120座
表面材料：地面 – 纹木地板、大理石
墙壁 – 竹子、纹木板上边涂装、喷漆
天棚 – 涂漆
施工时间：2001.9.15 ~ 11.30
设计、施工：BON Design

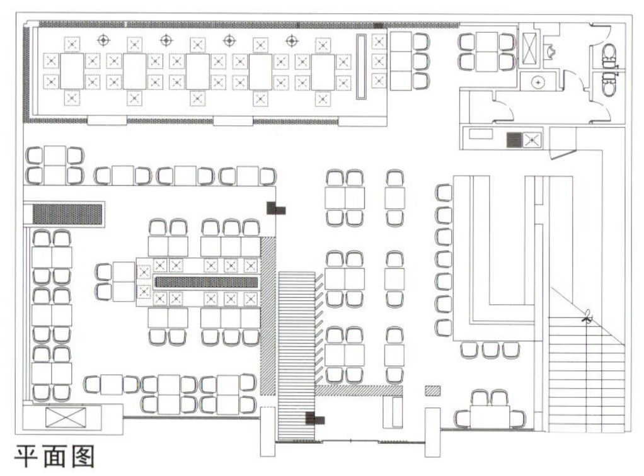

平面图

本栏图片提供：SOD设计 摄影：郑大虎

Oyay 餐吧

Oyay餐吧

Kim Jeong-ah

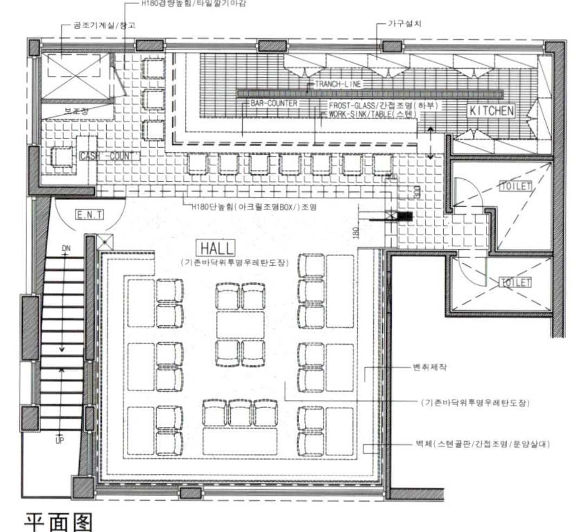

平面图

地区性风格所传达的信息，总是由年轻人喧闹的宏益大学前的道路……。

"Dining bar Oyay"符合大学附近地区特性，营造20～30岁一代年轻人所熟悉的风景，可以与对面的人自由交流，它位于6楼水泥建筑物的2楼，如何在各种餐厅和酒吧密集的道路上突出它呢？这是最首要的问题。

业主要求门面设计精美、有趣来吸引行人的好奇心，第一课题是迎合业主的要求制作感觉上吸引过往行人的正面，其次是在100m²左右的小空间实现人为设计的扩充感。

追求东方风格与时尚风格

用把韩国传统氛围和时尚相结合，周边的墙面用砖瓦处理，最大限度地实现材料的物性，各个开口部用韩国传统门扇形态和不锈钢材料相连接，大厅整体墙面采用年轻人容易接受的红色玻璃，玻璃反射的多彩照明效果展示另一种风景，空间虽小却感觉很丰满。进入入口时看见的坚硬素材的玻璃和镜子通过反射和散光演绎丰满的色彩。

吧台部分为了强调透明度采用卤素，其大厅部分通过中央的吊灯和奶色玻璃透出的灯光调节亮度。这种灰暗与明亮的对比产生的照明效果使"Dining bar Oyay"感觉特别有味道。

室内空间面积小、举架低，地面和屋顶全部露出，为了强调物性，只有包括吧台的一部分采用了黑色瓷砖，可看见的每个角落各有自己精美的故事，希望它能给顾客提供舒适、悠闲的氛围。

位　　置：汉城市麻坡区西桥洞 363-12
用　　途：商业 / 吧
面　　积：116m²
表面材料：地面－黑色石板瓷砖、水泥上面合成胶
　　　　　墙壁－彩色玻璃、水泥胶
　　　　　天棚－涂装
设计时间：2002.7.20～2003.7.27
施工时间：2002.8.2～2002.9.15
设　　计：Kim Jeong-ah

本栏图片提供：金正儿 摄影：金在润

回味吧

REVIEW Bar

Cho Hyun-gug

MEM

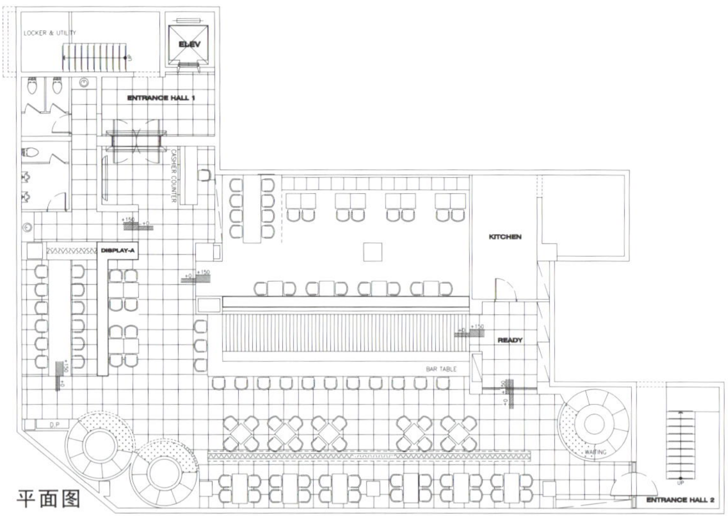

平面图

风景

分析粉堂地区性和酒吧的商业特殊性以及周边景色，设计家定位的视觉角度是“多重性”，它是为了给时时刻刻变化着的人们以及他们的取向、感性、理性、智慧等创造一个舞台而设计，虽不能满足他们所有的愿望却提出了多重性这个议题。

有了舞台才有了主人公或者有了主人公才有了舞台，不仅仅是这些意义，联想着被主人公点缀的舞台，宛如人与舞台相融合的一幅抽象画面，这种绘画概念回转在我的脑海里，表现其主题的目的中可以看见设计家把各个不同的形象演绎成共同素材或普遍化氛围的意图。

创造 / 空间

为了创造普遍化空间首先把装饰素材迎合空间氛围时尚地点缀，例如：主出入口透明玻璃里面的装饰，自然水晶球和人为照明设计，织物墙面和细节部分的组合，金属材料华丽的古典形态的框架，酒吧带有的商业特殊性通过这种氛围显得柔和一些。尽量控制色彩的强度，用自然因素把天然色彩的忠厚感利用自然光线的照射来强调，并且设置主打颜色表现动态色彩。空间稀疏地形成群块，以此缩小对界线的影响，每群块垂吊绸缎使之具有独立性，演绎符合团体席、个人席、宴会席等各种空间的氛围，充分尊重了消费者的意愿。

回味

REVIEW在词典意义上指“重温或观察”，最确切的主题还是“回顾或回味”。其命题既诗情画意又给人一种清新的感觉，起初感觉通俗的语言也慢慢地品味出新的喻意。

位　　置：庆畿道城南市粉堂区鸭踏洞361–1
　　　　　商业 / 餐厅
用　　途：330.6m²
面　　积：地面 – 抛光瓷砖
表面材料：墙壁 – 黑色玻璃、镜子玻璃、彩色玻璃、木板、彩色油漆、织物墙、不锈钢镜子、抛光瓷砖水泥胶
　　　　　天棚 – 黑色玻璃、彩色油漆、织物
施工时间：2002.5.31 ~ 2002.8.20
设计、施工、监理：MEM

本栏图片提供：MEM 摄影：郑太浩

慕尼黑广场

Munchen Square

Bang Jun-ho
JUNDESIGN

开始新的计划对于每个人是一种激动，"慕尼黑广场"不是我们常见的啤酒吧，它是直接酿制啤酒的啤酒屋。建筑结构上克服了中央电梯大厅和紧急通道的弊端，通过空间对称、水平设计给每个空间提供独特的氛围和其个性。

开放屋顶的入口部分用竹子表现野外自然氛围，地面用马赛克瓷砖铺设的入口部分当过渡到别的空间时产生迫不及待的感觉。通过对已有表面材料的重新解释和区别化以及与大众化的融合表现了"慕尼黑广场"的另一种新的风格。

本栏图片提供：Jun 设计公司

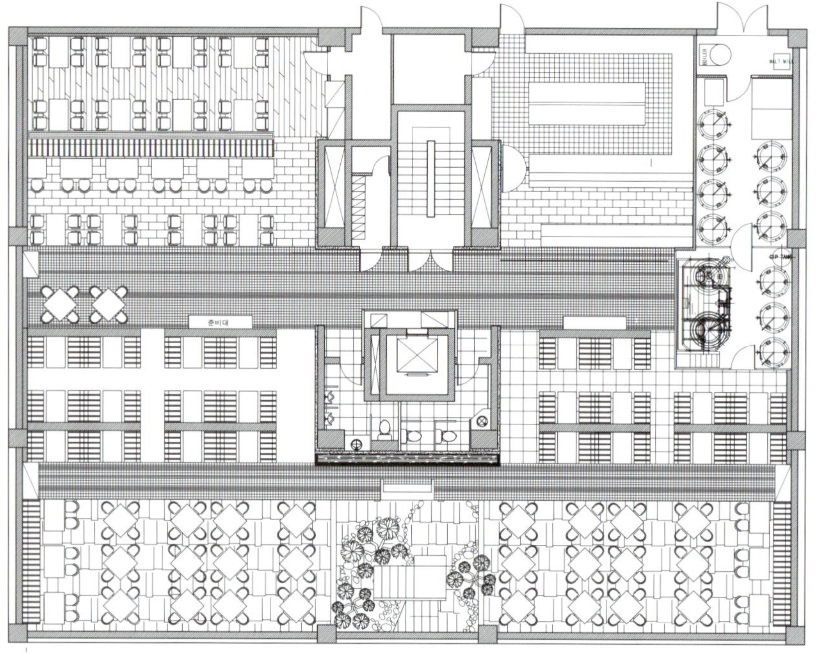

平面图

位　　置：庆畿道城南市粉堂区水内洞19–3
用　　途：商业／餐厅
面　　积：613m^2
表面材料：地面–瓷砖、马赛克瓷砖
墙壁–油漆、黑色玻璃、砂岩、马赛克瓷砖
天棚–黑色玻璃、乳胶漆、百叶窗板、建筑线条
施工时间：2002.10～2002.12
设计、施工：JUNDESIGN

MÜNCHEN SQUARE

VARA 吧

VARABAR

Yi Dong-won
（株）ID AS Inc

本栏图片提供：（株）IDAS 摄影：陈孝淑

APP' PAINT FIN.
KITCHEN
Logo
THK. 15m/m
THK. 20m/m Tempered Glass
THK. 12m/m Tempered Glass
(Walnut) FILM FIN.
APP. LOGO
VARA BAR
ENTRANCE
THK. 10m/m TEMPERED GLASS
APP. FABRIC FIN.

立面图

UP
SPEAKER
BAR
주방
UP
SPEAKER

平面图

VARABAR.COM

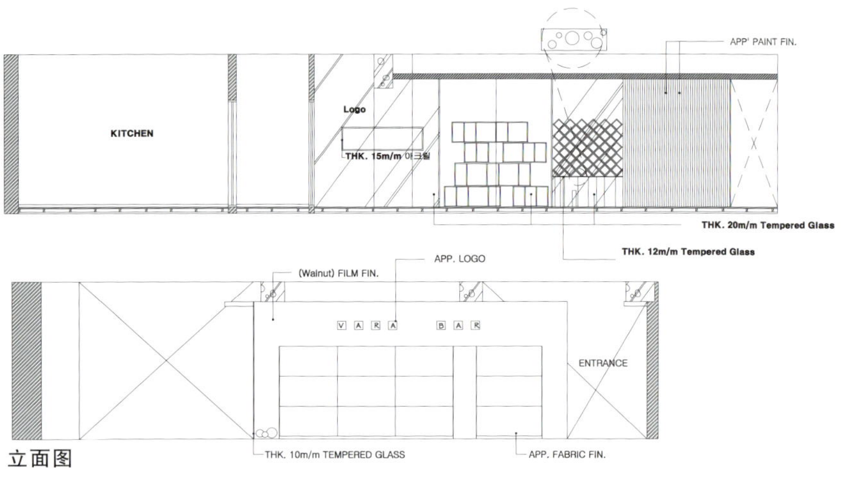

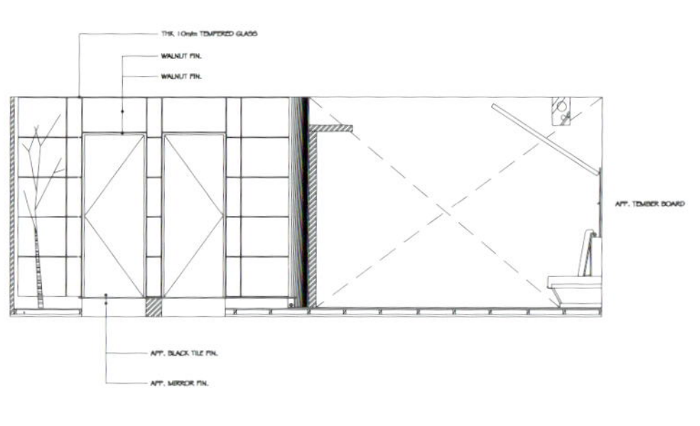

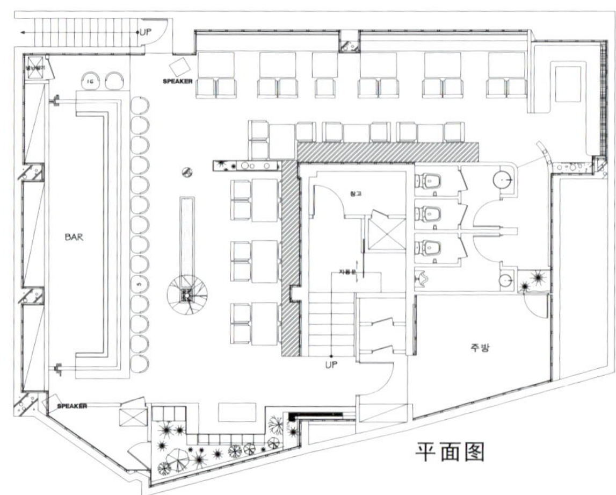

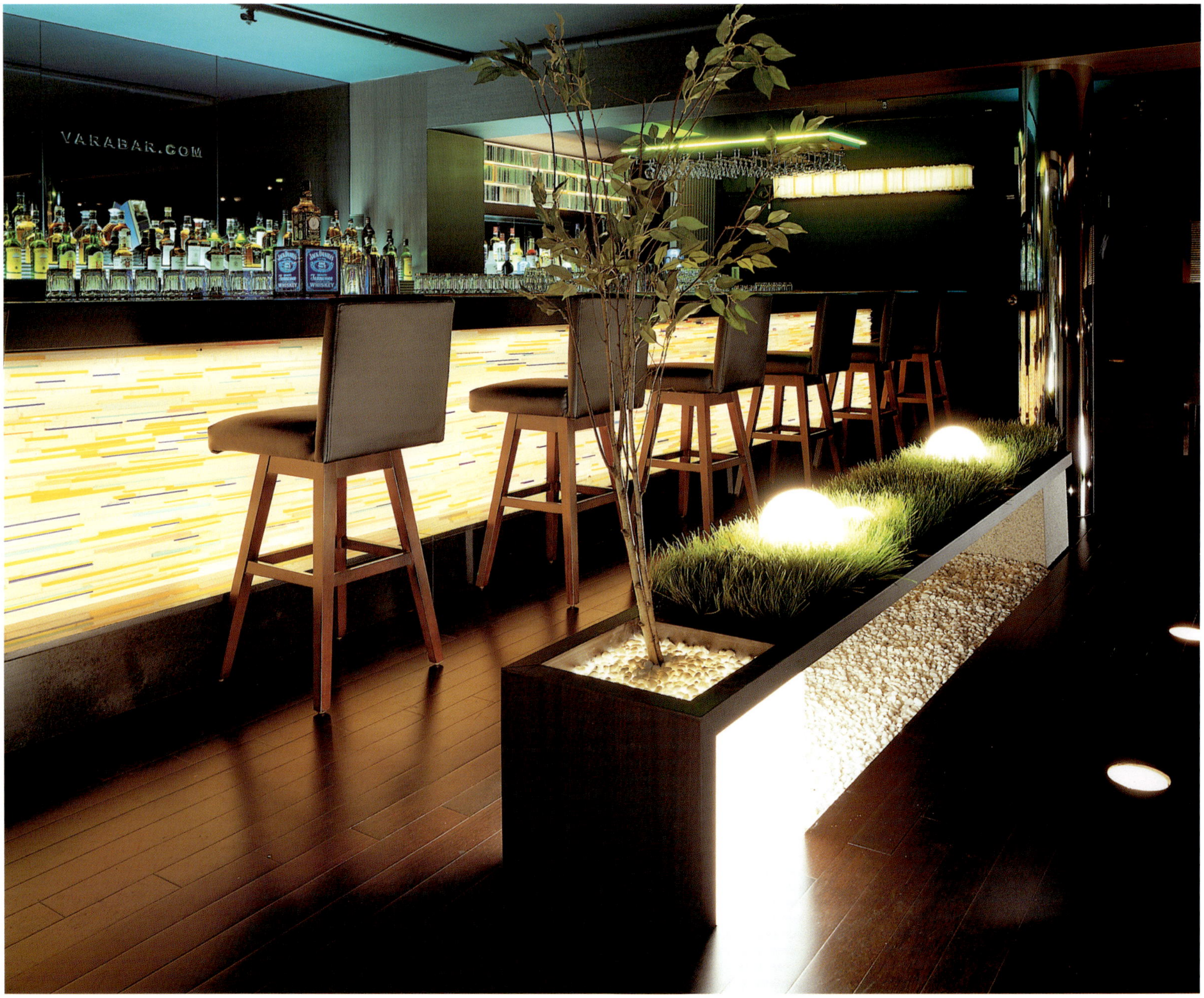

现代都市人忙碌了一天之后到轻音乐酒吧品一杯鸡尾酒将是一件轻松快乐的事情，它位于高档餐厅和咖啡厅密集的清谭洞。它的设计给20～30岁一代的年轻人带来熟悉的风景，面对面可以进行愉快的交谈。有点坚硬、冰凉的玻璃和镜子这一素材通过反射和相互辉映表现丰富的空间，入口处摆设的树木和草坪形状的植物避免了地下室的地理缺点给空间赋予了活跃的生命力，所有的照明设施避免了天棚上面的直接照射方式，通过墙面之间、家具和墙面之间隐隐约约流露的间接方式，有时顺着玻璃和雕塑表面自然闪烁。显得更富有情调。避免大理石或不锈钢等材料，而采用木板或织物等素材表现舒适、温馨的感觉，空间的每一个角落隐含着各自的故事，对于与喜欢的人相见或前来庆祝喜事的人们将是无比舒适、悠闲的空间。

位　　置：汉城市江南区清谭洞120

用　　途：商业/餐厅

面　　积：168.5m^2

表面材料：地面－木板

墙壁、天棚－涂装

设计时间：2002.3～2002.4

施工时间：2002.4～2002.6

设计、施工、监理：（株）IDAS Inc.

HIN吧

Kim Kwang-lim+Kim Kyoung-soo

二空二设计

e0e design

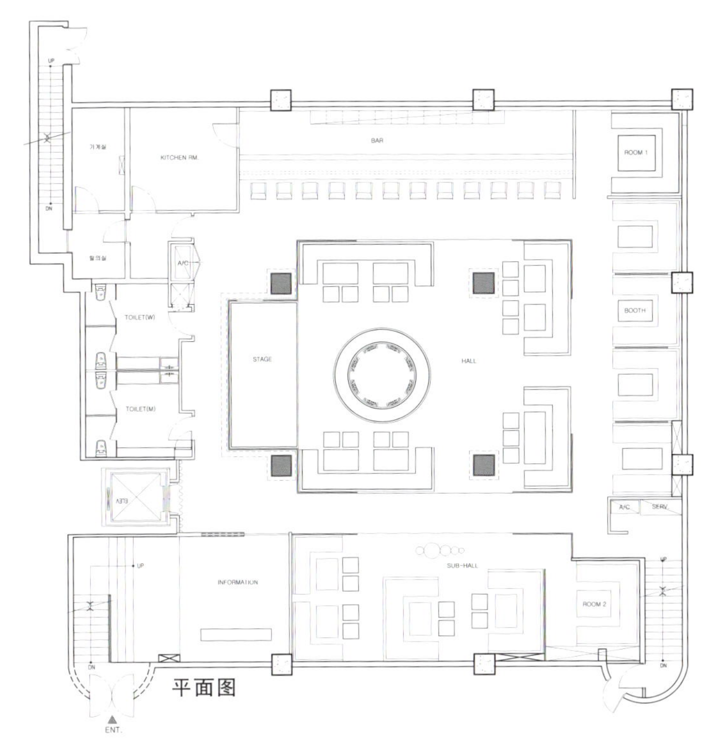

平面图

本栏图片提供：二空二设计 摄影：刘炯俊

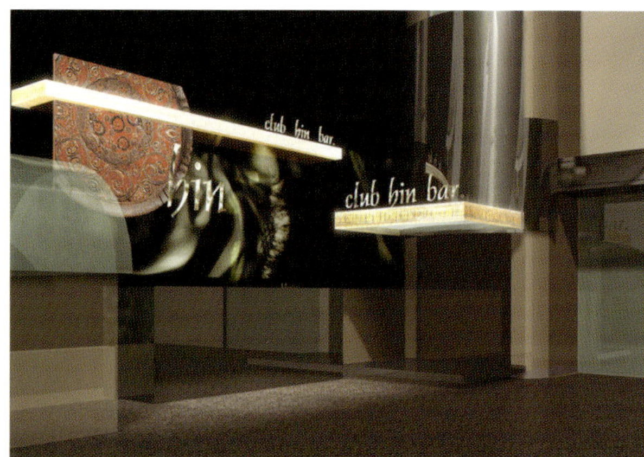
club hin bar
club hin bar

“HIN 吧”位于酒文化正在盛行的江南地区,入口与地下建筑物性格相似与其他酒吧相比没有太大的区别,要求设计师在格调、销售、文化这三种因素之间的协调。主要面对周边外国人和40岁一代成功人士,通过持续的程序设计化从高级销售策略到音乐操作,它是通过交流、文化、感性、数据分析到咨询的一系列总体概念而设计出来的。

与超现实的现代感和东方旋律相融的“BAR 吧”的第一次相遇是从入口处开始,人一进入感知系统开始影像编程,门自动开启,人们的视线自然点击到中央大厅的舞台和红色的主吧台,在这里看不到封闭的墙面。

在这里“人”和“音”自然漂流,文化韵律自然流淌,人与文化相交融,“音”与“酒”成为一体。

设计师为了演绎“疏通”和“流淌”以及“相遇”之感,没有设置任何墙壁,中央部分圆形造型物和入口左侧的造型如同与时间轨道的形象物相面对、相沟通、相近邻,也起到开放性墙壁的作用。

围绕各个座位的透明玻璃墙和半透明玻璃也是表现着整体空间的开发性,每个角落的两大座位也不同于别的酒吧,它是完全开放的。

红色、白色等原色餐桌和单调的家具带着极其严紧的形态沉稳地摆设在整体空间。观赏着中央大厅的各种演出,并且舞台屏幕上透射的其他节目的影像相互吸收、反射,进而扩充整体空间。

位　　置:汉城市江南区驿三1洞828-8
用　　途:商业/酒吧
面　　积:480m²
表面材料:地面-大理石、抛光瓷砖
墙壁-黑镜、透明玻璃、纤维
天棚-吊棚
施工时间:2002.4~2002.7
设计、施工:二空二设计(e0e design)

BARBOBOS

BARBOBOS

Kim Yun-soo
BON DESIGN

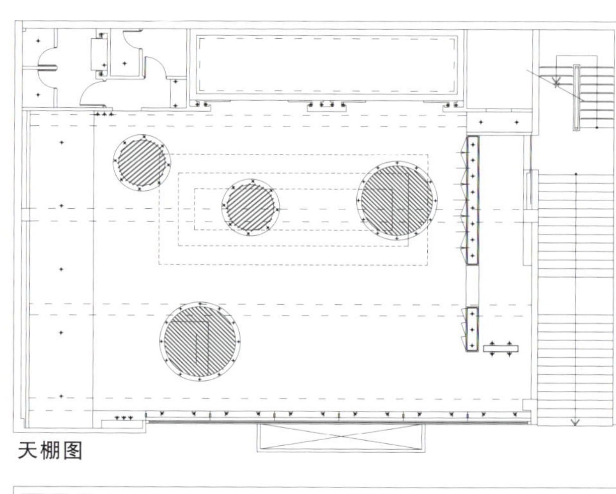

天棚图

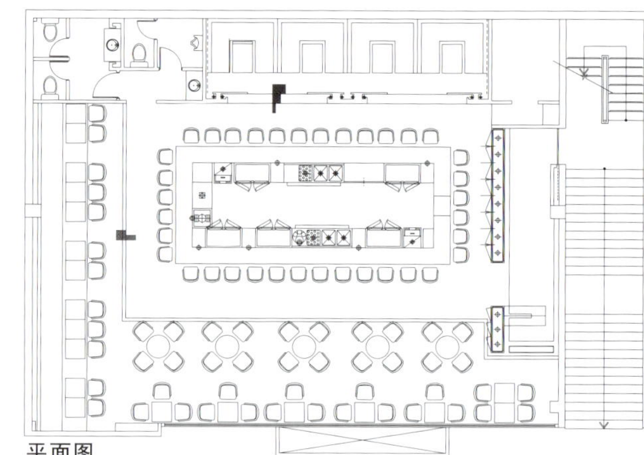

平面图

本栏图片提供：BON 设计 摄影：郑大虎

“BOBOS”脱离了原始定型的人为行动，它是通过个人和集团层次上产生的行为模式的本质来挖掘人的本质要求和价值标准，顾客需求作为设计的中心理念，使之重新思考空间的意义。商业空间的设计通常把顾客的要求放在业主和设计师想法之前，它的设计在元州地域区相对其他商业空间独具风格。

目前业主经营其他酒吧，他对于经营系统很有把握，并要求新的酒吧设计形式，如何用崭新的设计风格来解释空间呢？每天反复勾画、修改再完善上，最终决定用诞生和冲突这一设计主题来进行空间描述，天棚相对高一些，因此采用球状的不锈钢管吊棚，加上适当的光线和预示新生力量的反射光线来填充空间。玻璃块整齐地形成一堵墙壁，下面的吧台和表面材料包容了与天棚相冲突的光线，又一次展现某种新生力量。

位　　置：江原道元州市谭桂洞
用　　途：商业／餐厅
面　　积：230m²
表面材料：地面－大理石
墙壁－条纹木、玻璃板、铁网
天棚－涂漆
设计、施工：BON DESIGN

Bobo Complex吧

Bobo Complex 吧

Kim Kylung-ah
Design SOD co., ltd.

“Bobo”把最自由的个人行为即购物和消费转换成波细米亚式的核心行为，把它描述成艺术、哲学以及社会行为。

“Bobo”经营活动不一定是赚钱的游戏，对他们来说商务活动是做自己喜欢做的事情而已。他们在产品加工中注入审美的判断力和艺术氛围中，把产品提升为艺术品。以前的企业精英们总想表现自身的勤劳、节俭、信誉等道德情结，但Bobo却要表现自己是多么风趣、自由的主人。

如今的CEO通过把阶层结构平民化来促进商业平等，也许比过去的CEO更富有领导组织力度。

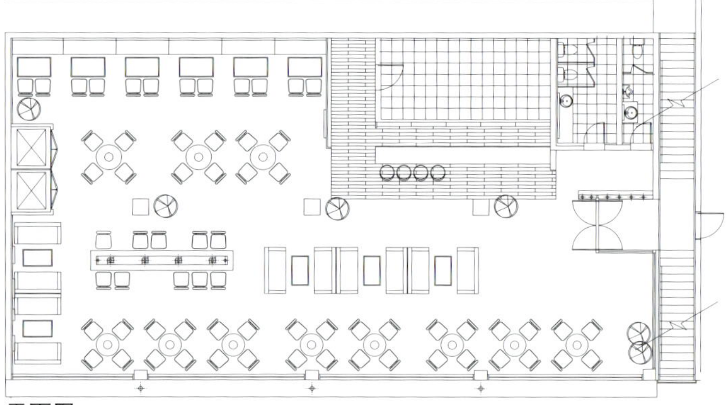

平面图

位　　置：庆畿道五山市五山洞881-1

用　　途：商业/酒吧

面　　积：284.5m^2

表面材料：地面-压出成型水泥板、橡木板

墙壁-彩色背景玻璃、橡木板、刷漆

天棚-乳胶漆

设计时间：2002.1～2002.2

施工时间：2002.2～2002.4

设计、施工：Design SOD co.，ltd

本栏图片提供：SOD设计　摄影：闵正植

Ahgelo Dining 吧

Ahgelo Dining 吧

Kim Yun-soo
BON DESIGN

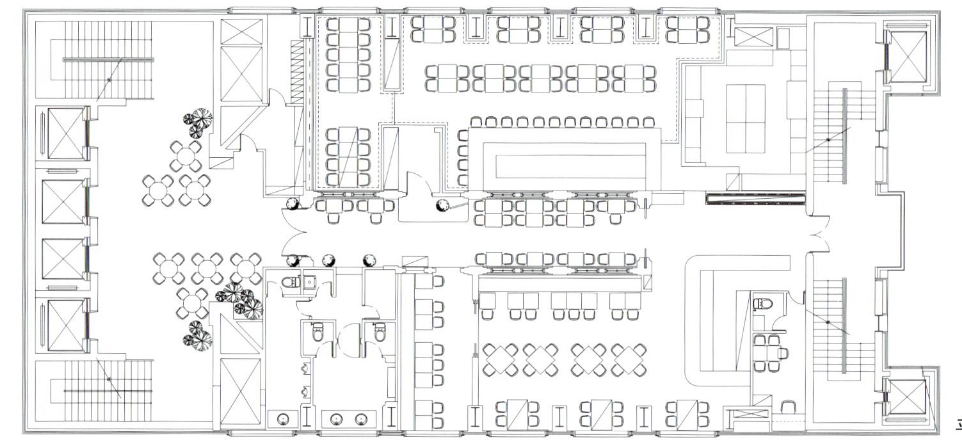

平面图

设计场所位于剧院建筑物的最顶层，怎样活用此空间呢？为此犹豫了一段时间，一般业主强调的是事业的方向性、商品以及如何营造氛围等问题，但这次不同寻常，它所要求的是行业选择和经营服务系统以及空间感知的经验。后来通过几次交谈选定了商品以及运营系统的方向，商品则从日本引进。最终决定制作意大利料理和洋酒为主的综合形餐厅酒吧。它作为咖啡厅+西餐厅+酒吧的复合行业形态的就餐空间，性格互不相同的住业在一个空间内以循环结构相互交换，却传达一个空间概念。而且按时间段经营形态变化相对应地变换使用的空间，通过空间因素相互的融合与变异采取各种经营与销售。

空间特征反映目的性设施和细节差别，把商品的感性因素连接到设计上，强调了欧洲文化特性。从建筑结构来看有主电梯和副电梯，主电梯只有在白天使用，主要通过大厅给建筑物内部增添新的因素。主出入口以拱形天棚通道为轴，赋予领域性和连续性，区分循环和营业空间来提高每时间段的空间活用率。白天以咖啡和饮料为主，晚间作为正餐厅和酒吧，以拱顶天棚结构的走廊为中心，设计方面展示了一点点特殊氛围。

位　　置：汉城市新沙洞
用　　途：商业 / 餐厅
面　　积：415m²
表面材料：地面 – 大理石
墙壁 – 石英石、涂料、大理石、玻璃刷漆
天棚 – 乳胶漆
施工时间：2001.8 ~ 2001.12
设计、施工：BON Design

本栏图片提供：SOD设计 摄影：郑太虎

爱特吧

AT吧

Kim Yun-soo
BON DESIGN

“爱特吧”在整体面积和独楼特点来看属于小规模的酒吧，就每层的面积也算是一个迷你吧。

初次看现场，不敢相信这个地段还有这样精小的独楼，此楼形象还类似宗教设施，刚开始不知从何开始设计，但精小的空间以及楼层的区分给我带来莫名的兴趣，是能否把空间扩大2倍？空间虽小却能否带来一些惊人的变化？加之个性色彩？这些便成为“爱特吧”的设计主题。

投影及扩张

通过实际空间和投影空间，营造空间内的另外一个空间，采用玻璃和镜子素材刻画之间出现的形态以及造型意义。并且使顾客发现投影空间的自我，来感知空间的双重性。

变化及移动

实际上投影和扩张是本质上类似的概念。实际空间被投影而夸张，采用照明方式制作随时间、天气、季节带来的变化，根据顾客所寻的视觉感受空间产生不同的变化。总之，想表达的不是一个静态的空间而是能够主导变化的空间。

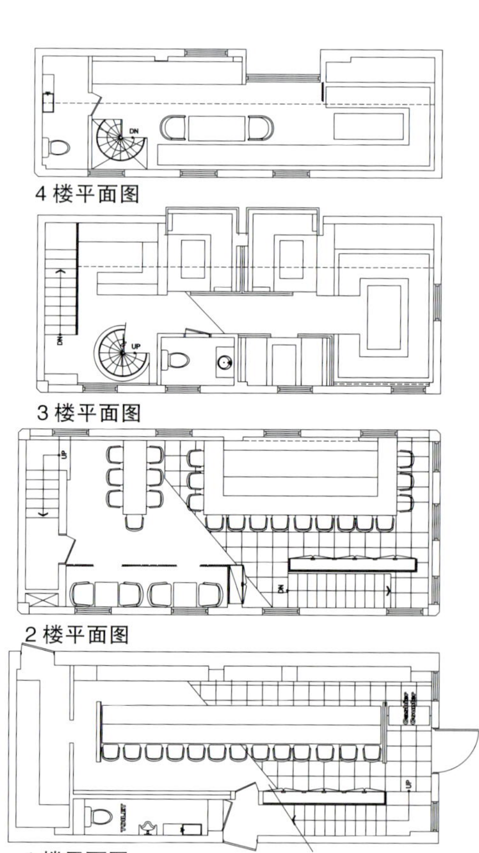

4 楼平面图

3 楼平面图

2 楼平面图

1 楼平面图

领域性与独立性

根据基本的建筑状况自然形成设计主题，根据迷你吧特点的各楼层的区分来强调重点领域，每楼层的营业项目稍有区别。并且安排个别的室内和4楼的阁楼，给顾客提供唯我空间。

“爱特吧”虽然比迷你吧精小却蕴含丰富的故事。首先考虑它的地区特点和顾客群体的情趣，它脱离狎鸥亭和清谭洞地区活跃的商业圈位于论现洞，因此不必追求时尚酒吧形态，随之要求引导新的趋势的强烈主题。把外观上感觉神圣和正直的因素取消，寻找打破原有框架的某种新的突破口。从外观上所感知的鲜红色的暗号以及极具神秘色彩的入口……，仅此来暗示内部主打风格，甚至把人的内面隐藏的轻浮、性感、滑稽的一面也大胆地表露出来，好像里面深藏着某种神秘而赤裸的故事。

本设计期待着能够蕴含着人类赤裸裸的欲望。

位　　置：汉城市江南区论现洞
面　　积：1、2、3 楼 $-50m^2$ / 4 楼 $-31m^2$
表面材料：地面－瓷砖、地毯
墙壁 1 楼：玻璃隔断、镜子、涂装
　　2 楼：玻璃、织物、夜光灯
　　3 楼：铁网、色彩
　　4 楼：彩色涂料、织物
　　　　天棚－彩色涂料、水晶制作照明
设　　计：BON Design

本栏图片提供：SOD 设计 摄影：郑太虎

ON–AIR

ON–AIR

MG Design

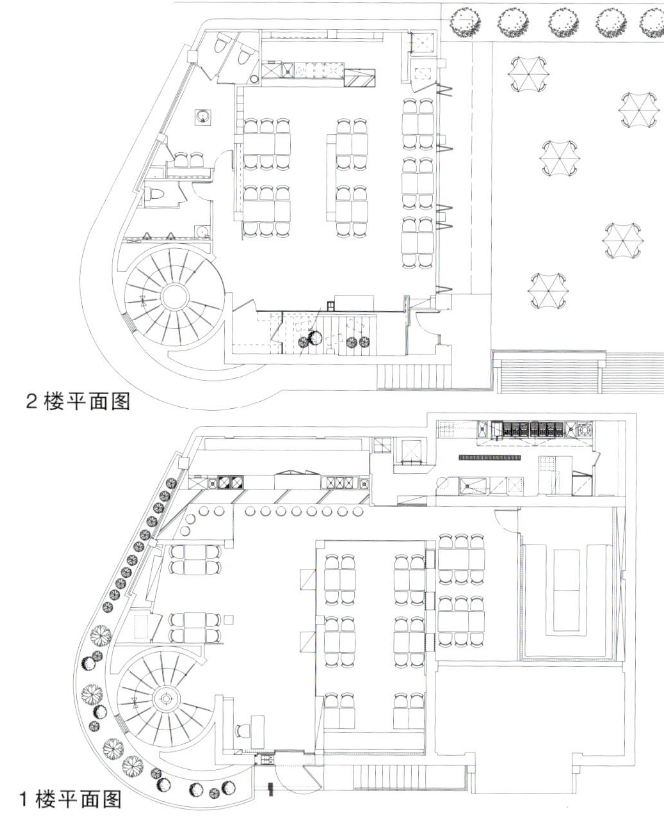

位于僻静的道谷洞办公大楼和住宅楼之间的《ON-AIR》的设计主要迎合20～30岁一代从事专业工作的年轻人，注重寻找男女性共同因素。

1、2楼的设计里面存在相同与不同，1楼为酒吧，2楼为意大利餐厅，随之区分光临者的性别，1楼为男性化空间，2楼为女性化空间，素材也采用不同的因素。1楼主要采用黑色涂料、不锈钢、黑镜、条纹木来演绎大方、刚直的男性风格，2楼主要采用白色涂料、条纹木等少量材料，展示简洁、温馨的女性细腻之美。卫生间也是用黑色和白色区分连接1、2楼特有的氛围。

1楼天棚采用黑镜和暗色照明尽量表现屋顶高度，扩大空间。而且区分酒吧区、大厅、单间的各个区域用不同的风格表现，通过玻璃和镜子相互连接。2楼由于面积小，尽量采用亮暖色系，增设的开放平台把室外引进室内。

位　　置：汉城市江南区道谷洞947
用　　途：西餐厅/酒吧
面　　积：1楼 218.29m² /2楼 137.49m²
表面材料：1楼：地面－抛光瓷砖
　　　　　　　墙壁－乳胶漆、条纹木
　　　　　　　天棚－乳胶漆、黑镜
　　　　　2楼：地面－瓷砖
　　　　　　　墙壁－乳胶漆、条纹木
　　　　　　　天棚－乳胶漆
设计时间：2001.12～2002.2
施工时间：2002.1～2002.3
设　　计：MG Design

本栏图片提供：（株）MG 摄影：郑太虎

Waru Waru风格餐厅

Waru Waru风格餐厅

Nam Ii-sung
Dom Design

本栏图片提供：Dom设计

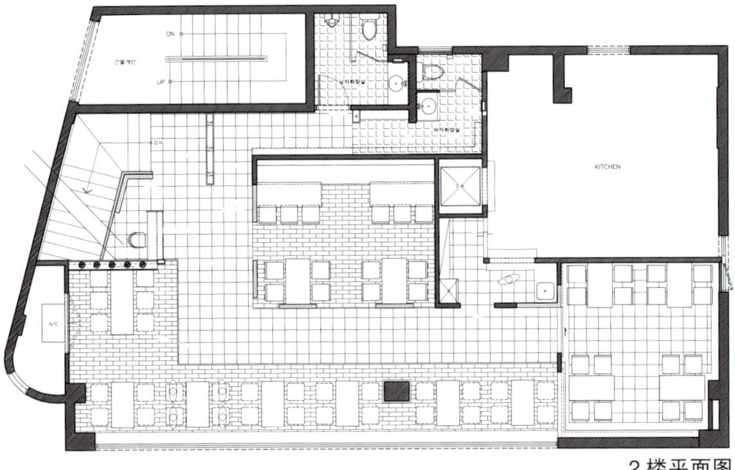

2 楼平面图

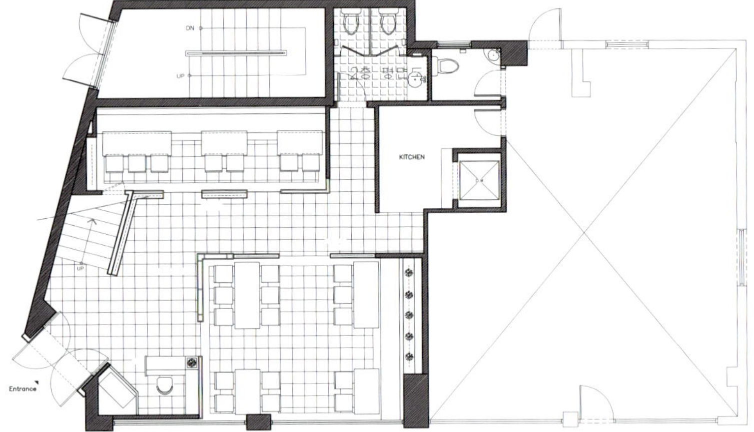

1 楼平面图

"Waru Waru风格餐厅"里面混合使用各种材料，由于设计师的过多的装点偶尔感觉有些杂乱，但照明作为媒介给空间进行适当调律，相互区分。——业主

通过不过分沉重或轻飘的不完整的表现，属昼夜各起所能的商业空间。——设计师1

建筑物的窗口冲向北侧，因此自然采光不够充分。用照明艺术进行工程处理，它是愉快的一次经验，根据所有的灯光相融合表现创造丰富的艺术性。——设计师2

位　　置：汉城市江南区驿三洞
用　　途：商业/餐厅
面　　积：315m²
表面材料：内部：地面－陶瓷地砖、钢化木板
墙壁－夜光灯饰、涂料上面部分镶嵌金色、壁纸、玻璃
天棚－乳胶漆
外部：铝复合板
设计时间：2002.2～2002.3
施工时间：2002.3～2002.5
设　　计：DOM Design

包装吧

Bar PoZang

Yang Jin-seok
Room and deco co., ltd.

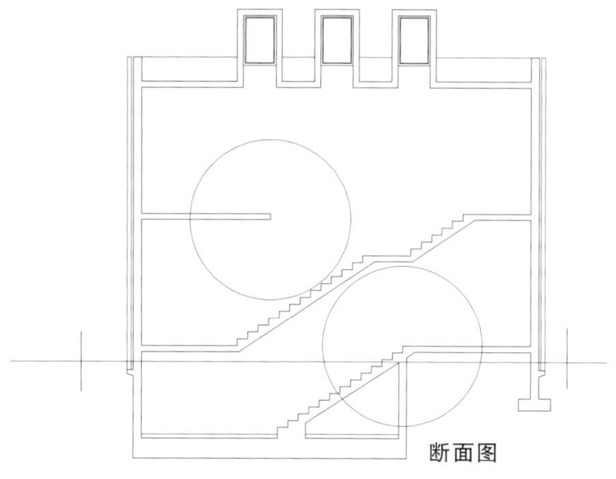
断面图

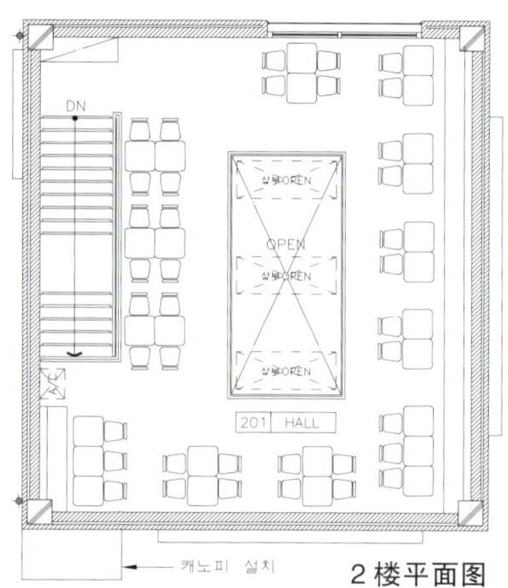

2楼平面图

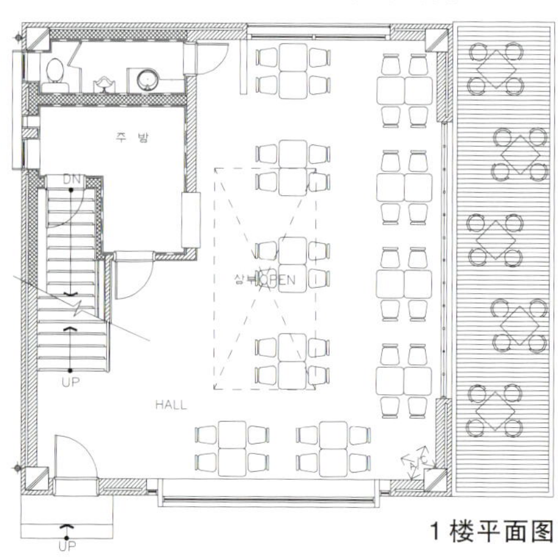

1楼平面图

包装是用箱子打包的单纯比喻是极端追求材料本质来了解物性概念的一种保守倾向。玻璃板这一特殊的材料也充分可作为包装材料，玻璃板是玻璃的透明性和板的结构体相结合产生的素材，虽作为支撑建筑物的墙壁而使用，但由于本身带有的物性可以连接内外部空间。

白天整个墙面柔和处理自然光线的照射，夜间由于灯光设备与人的动作相互重叠，产生互动结构体。玻璃这一透明材料暗示着建筑物内部、结构、功能的神秘感，引发行人对包装的好奇心。

这次的设计以搭棚小吃的新概念进行再一次解释而出发的，代替布料采用玻璃板，可变空间成静态空间，开放空间变成封闭的空间，将来会有很多特殊形态的商业空间层出不穷，期待着这种随资本市场的发展产出的新概念的商业空间。

位　　置：汉城市江南区新沙洞
用　　途：商业 / 酒吧
土地面积：149m²
建筑面积：89.1m²
延 面 积：167.6m²
表面材料：地面－水泥板上喷树胶
墙壁－玻璃板
天棚－水泥面
施工时间：2001.10～2002.2
设计、施工：Room and deco co.，ltd.

本栏图片提供：room and deco

Noble County

Noble County

Joung Myoung-sik + Yeo Hee-seg + Shin Hyoun-ik

F.U.Design co., ltd.

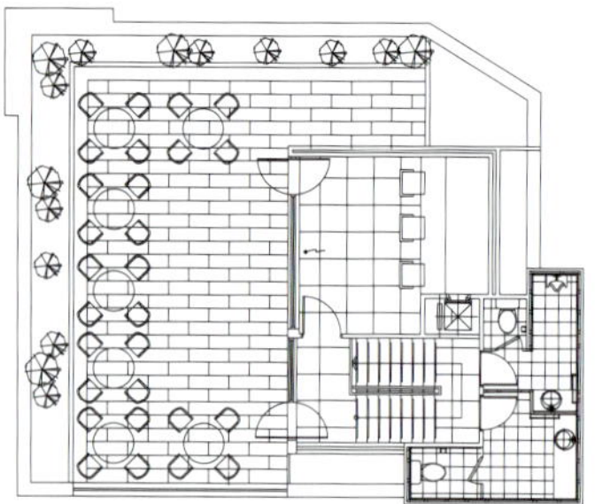

4楼平面图

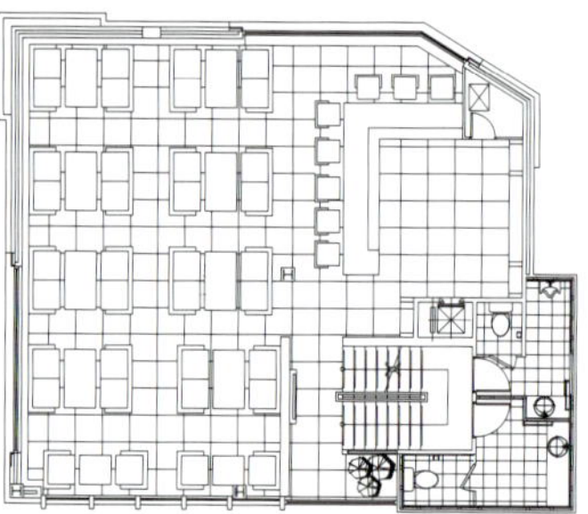

3楼平面图

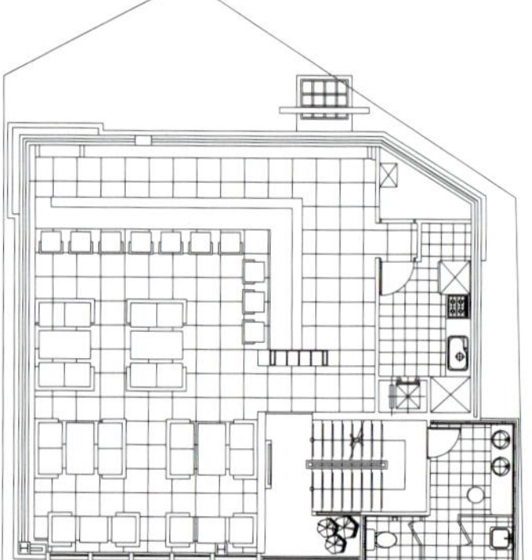

2楼平面图

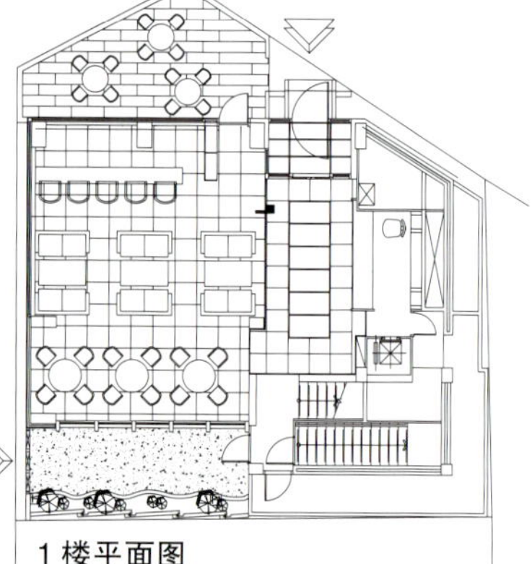

1楼平面图

代表大学文化的新村、大学路、宏益大学、梨花女子大学以及建国大学等地区我们所看到的只是喧闹、无聊以及瞬间的记忆。近年来大学路文化不同于过去的便档、米酒、扎啤等大排档，它已潜入酒吧、网吧、时装店、美容院等文化之中，在这种流行的文化氛围中希望它能使来访过一次的顾客也能留下深刻印象 。

它位于离建国大学地铁站不远的商业地区的末端，紧挨着住宅地区。在建国大学站下车路过遍地无秩序的牌匾的小路到达此地，留在脑海里的只有喧闹与杂乱，在这样的环境下它是惟一整洁娴静的一部分。材料使用上符合整体形象注重细节部分，如果说所有的建筑物以华丽、繁琐来表现的话，它却以端庄、高雅、娴静的姿态站立着。

外部空间门前空地、1楼后面空地和顶楼阳台，门前空地给过往行人提供暂时休息的地方，后面空地作为进入室内或者在1楼观望的空间而使用，屋顶阳台是与外部交流最频繁的地方，面向南侧的一面开放，其余的三面封闭，以此来隔断繁乱的外部空间。在1楼可以享用咖啡和葡萄酒，以此强调与外部的交流。2楼由于举架低，因此作为安静的氛围下交谈的空间。3楼为年轻人的空间，周边风景诱人，举架也相对高一些，还设置了可以开鸡尾酒宴会的舞台和屏幕，还可以欣赏电影是一极其特殊的空间。

设计完工之际面对着与原始形象全然不同的面貌感慨万分，心想所谓建筑物也是人的感情的结晶。

本栏图片提供：F.U 设计 摄影：李哲熙

位　　置：汉城市广津区华阳洞 5-21

用　　途：商业 / 餐厅

土地面积：386.41m²

表面材料：内部：地面－抛光瓷砖

墙壁－SUS 曲钢

天棚－波斯树脂

台阶－嵌贝壳

外部：波斯树脂、石材

（C-BLACK）

设计时间：2001.10 ~ 2002.1

施工时间：2002.2 ~ 2002.5

设计、施工、监理：F.U. Design co.，ltd.

I N

KOREAN INTERIOR ANNUAL

商业设施—咖啡厅

红芒果 新村店

Rcd Mango

Kim Hak-seok

Design One

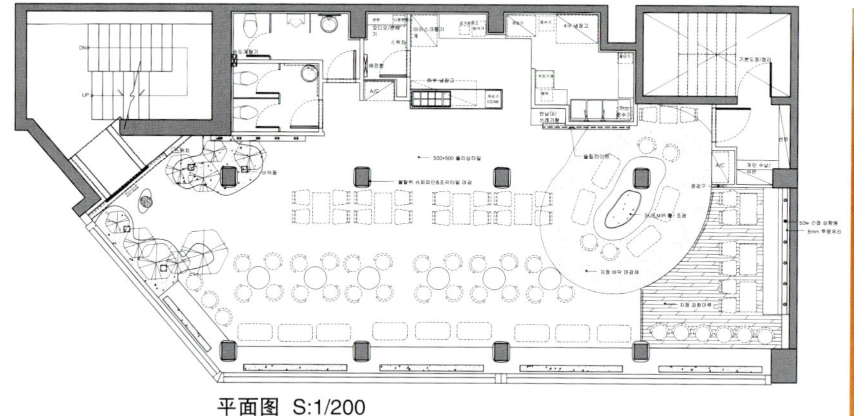

平面图 S:1/200

Start loving myself !
Healthy Low Fat Natural Fresh Smooth Delicious

2003年创立“红芒果”连锁店的时候，业主在形象设计上要求不同于原有的冷饮店，最终以“一棵树、一只鸟”为主体提案胜过别的企业而被选中。本店以水果和酸乳为主材料制作各种饮料。在单调、格式化的空间内不仅享受眼睛的，甚至全身心的放松。望着树梢上休息的小鸟，不仅仅停流在感知其表面现象的植物与动物，而是把它视为“休息”这一健康的实体，因此特采用“一棵树、一只鸟”这一主题。

“红芒果”新村店

每当我们坐在餐桌上，品尝一下便知道是否可口，它不是动脑或用眼睛来观察，而是用全身心去感受，进而全身心得以放松。

紧接着梨花女子大学分店进行新村店设计的时候，产生了不是1+1=2，而是1+1=11的想法，一般连锁店每一分店的设计风格都相当雷同，希望每一处的连锁店根据所处的位置带着不同的故事，虽然怎么变化展示的仍是同样的感性认识。

台阶的颜色是芒果色，它不仅引起食欲的，还能够引导人们向往另一个世界，走上台阶看见的入口处更富有这种感觉，芒果形状的结构如同进入另一种境界，进入大厅便能看现树妖，真树中间的人的个高一般的树妖引导着顾客。大厅设很多两人坐椅子，名叫“+－”的椅子同树妖一起传递着童话般的美丽故事。最深处又有一个被高层和玻璃墙隔断的空间，宛如“空间里的空间”更富有温馨、浪漫的情趣。

位　　置：汉城市西大门区昌川洞31-45
用　　途：商业/餐厅
土地面积：179m²
表面材料：地面－抛光瓷砖、钢化板
墙壁－油漆、镶嵌砖、织物
天棚－喷漆
设计时间：2003.5.1 ~ 2003.5.15
施工时间：2003.6.5 ~ 2003.7.7
设计、施工：Design One

Caré Muffin

Caré Muffin

Kang Shin-jae + Choi Hee-young
VOID Planning

沙漠绿洲

这是一项对3年前设计的 Caf Muffin 的修建工程，当时这个地区的商业圈还未形成，就像沙漠一样。

万一失败了？是一项很矛盾的工程。

通过与业主的触膝交谈，充分理解了其商业目的，随之在沙漠制作绿洲的工程开始了。结果是一个超乎想象的大成功。

关系

3年的岁月流逝了。

刚开始业主只建议做一般的刮白与刷漆，再三劝说之后才决定重新修建，整体结构稍有改动，基本上在原有的骨架上改换外装的形式为原则。

积极采用金属和镜子等材料，演绎冷酷、精练的城市化形象，抓住了沿着织物流淌的或停留的光线的闪亮点。

位　　置：汉城市丘路区丘路洞 新安大厦
用　　途：商业 / 餐厅
土地面积：211m²
表面材料：地面－瓷砖
墙壁－油漆、绸布、玻璃、镜子
天棚－油漆
设计时间：2002.2.1 ~ 2002.2.14
施工时间：2002.2.16 ~ 2002.3.2
设计、施工：VOID Planning

本栏图片提供：VOID Planning 摄影：闵正植

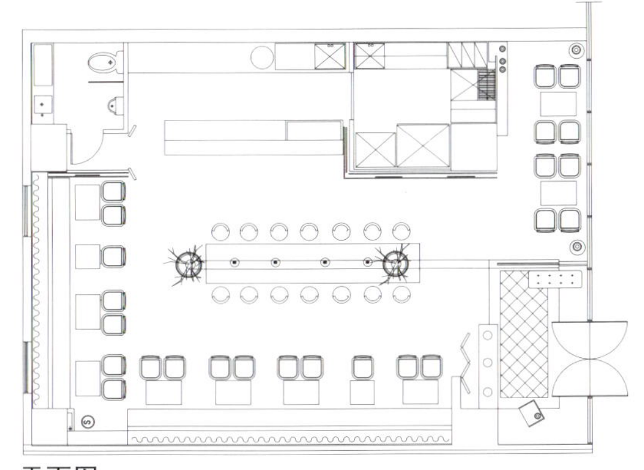

平面图

Muffin Junior

Muffin Junior

Kang Sin-jae+Choi Hee-young
VOID Planning

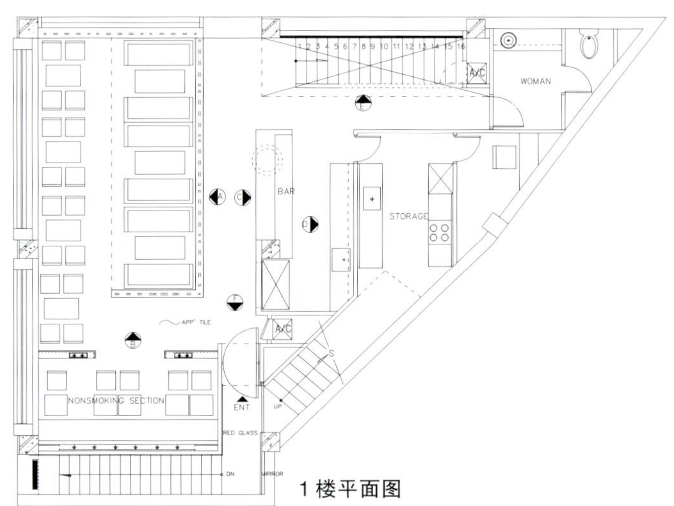

1楼平面图

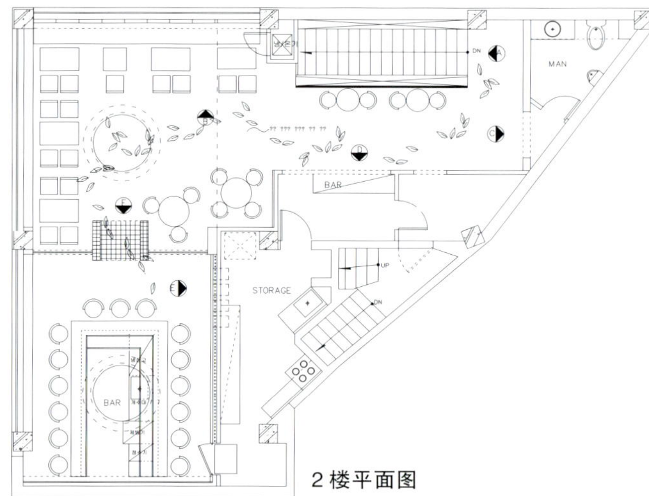

2楼平面图

本栏图片提供：VOID Planng 摄影：闵正植

位　　置：汉城市丘路区南丘路洞
用　　途：商业 / 咖啡厅
土地面积：1 楼 –35m² 2 楼 –49m²
表面材料：地面 – 抛光瓷砖、胶泥上面涂亮油上面散玫瑰花瓣
墙壁 – 彩色玻璃、SUS、透明红色树脂、涂装树脂
大棚 – 树脂纤维、镜子
施工时间：2002.5 ~ 2002.6
设计、施工：VOID Planning

因特网咖啡休闲屋

Internet 咖啡休闲屋

Wilson & Associates + Clive Gray

位　　置：汉城市广津区广长洞山 21 华克山庄宾馆内

用　　途：商业 / 餐厅

土地面积：337.02m²

表面材料：地面－地毯、黄玉、瓷砖

墙壁－胡桃木、胶片、玻璃、涂料

天棚－涂料、玻璃

设计时间：1999.3 ~ 2000.6

施工时间：2001.5 ~ 2001.9

施　　工：KESSION

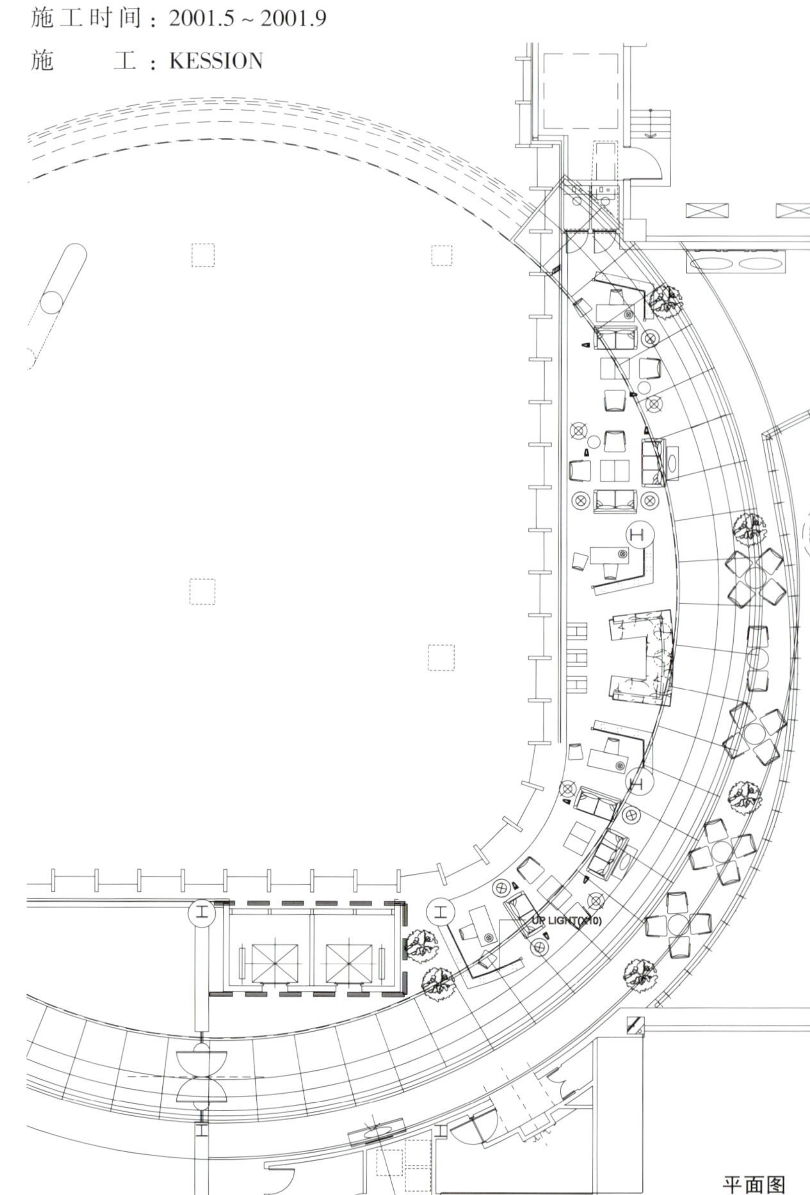

平面图

本栏图片提供：KESSEN 摄影：李哲熙

ZENZU

ZENZU

Kim Tae-young
MIM Design

内部平面图

外部平面图

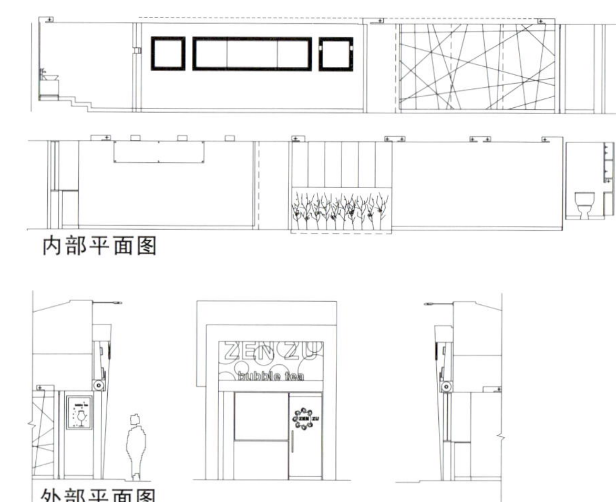

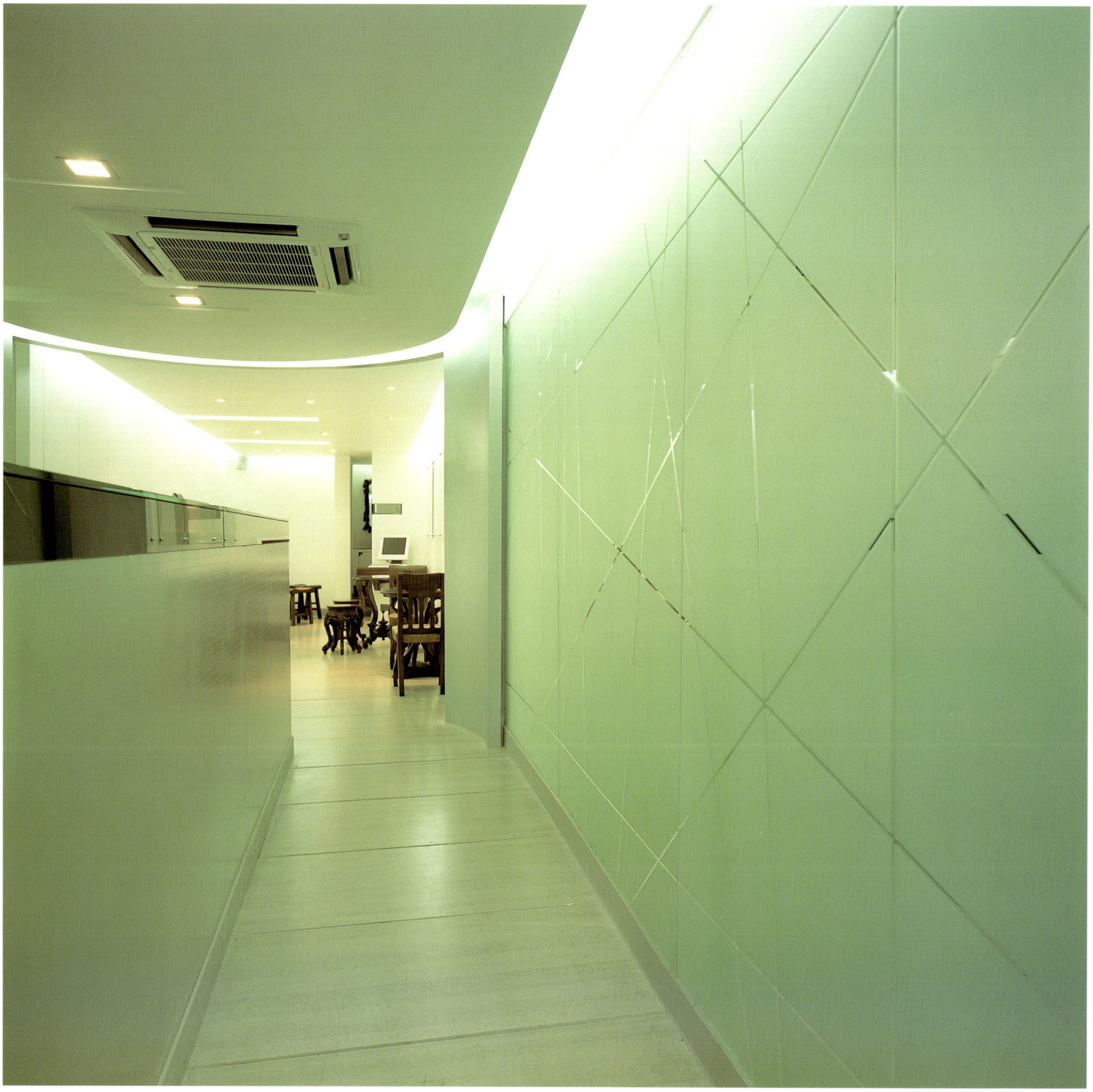

我费尽心思连夜赶出的设计方案在施工过程中或被邻居提议或被与业主的意见发生冲突或施工费预算超值等原因，未完工之前就变形或被取消，也许这不仅仅是我的体验。

把这小店铺精心去设计再连夜进行施工是由于它所处的地理位置优越，除此之外将无法继续下去，里面还饱含着设计师特别的感情倾注。

学生时代，设计师在这里经常开party，捡起这片片回忆对于他来说是具有特殊的意义。目前“green house”将被黑色涂装，但它的存在足以让设计心花怒放。

它位于梨花女子大学正门前繁华的时装、餐饮一条，诸多的年轻消费者们能够充分满足这个地区的商品销售需求，从初高中生到怀旧少女时代而寻访的已婚妇女，从小饰品、各种杂货到精品时装店等都混合在一起，所谓hybrid文化是这里的活力与生命力。

另外，泡沫茶这一新颖的商品在此处还很陌生，起初面临的问题是如何分析主顾客层的情趣从而进行符合其情趣的设计。选择20岁年龄段的“N”代年轻人分析其特征。

“N”代年轻人：对于他们非理性的感觉思维体系比理性的判断多，通常表现快速购买行为或复杂的语言习惯。本设计把重点放在感性的设计流线上，舍弃繁多的设计方式注重休闲、轻松的消遣概念。在审美、心理、功能因素尽量迎合年青人的心理特征而设计，采用现代化的玻璃、不锈钢等材料，尽可能表现轻便、单薄而透明、开放的空间氛围。

本栏图片提供：MIM Design

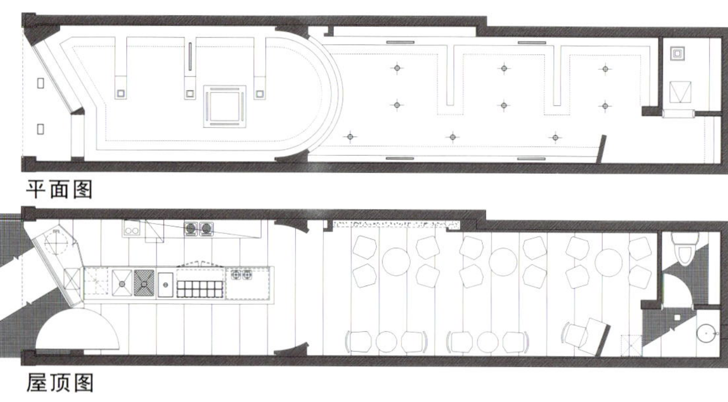
平面图
屋顶图

位　　置：汉城市西大门区大观洞56
用　　途：商业/餐厅
土地面积：50.37m^2
表面材料：地面–ACE板，镶嵌瓷砖
墙壁–镜子、乳胶漆
天棚–乳胶漆
设计、施工：MIM Design

Café Themselves

Café Themselves

（株）MG Dsign

密集了各种用途的建筑物，由展现各自不同色彩的年轻人而喧闹的钟路地区看起来似乎没有多余的空间。在这里计划开设一处充分享受休息和喘息的空间，在这里人们相互分享快乐再次轻松上阵。

"Café Themselves"的设计从树木开始，业主酿制的咖啡香宛如晚夏槐树液汁的芳香一样幽深。他喜欢树，崇尚自然，并且把大自然通过"Café Themselves"展示给人们，树和石以及连接他们的玻璃是在外面可见的全部，进入内部才能贴切地理解其用心。

把外部和内部融为一体，取消他们之间的隔阂，只想把自然素材直接引用到内部。

1楼大厅后面的座位空间里装满有趣的内容，那里还有一座连接外部的平台，感觉舒适、清爽。连接1楼和2楼的开放空间再一次勾画心灵悠闲自得的情趣。商标形式的纹木装饰墙缓冲这里的氛围。2楼和3楼主采用"面"和"线"避免复杂的点缀，粗糙的笨重的木材摆放着或部分采用到墙面。3楼为了适合各种形式的活动，把现有条件的顶棚最大限度的利用。南、西侧橱窗的玻璃外面厚实的原木条水平地排列，适当调节下午的阳光，原木本身带有的大自然气息给单调的空间注入了新的活力。屋外引起的好奇心通过进入内部慢慢得以解释，内部郁闷的感觉通过开放性窗口而变得轻松自如。

最终，"Café Themselves"是大自然的展现，它把大自然原有的姿态展示给人们。

本栏图片提供：M.G 摄影：郑太虎

位　　置：汉城市钟路区 洞 5-8

面　　积：1楼 -131.29m²/2楼 -136.16m²/3楼 -136.16m²

表面材料：地面 - 原木地板
墙壁 - 乳胶漆、条纹木
天棚 - 乳胶漆

设计时间：2001.8 ~ 2001.10

施工时间：2001.10 ~ 2002.2

设计、施工：MG Design

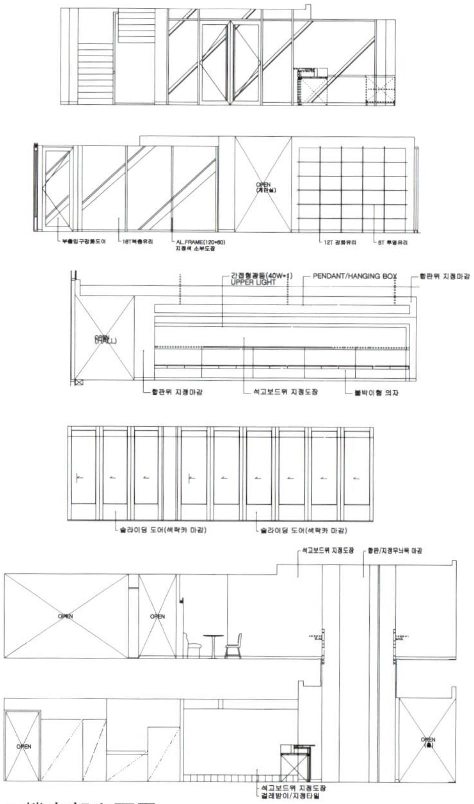

1楼内部立面图

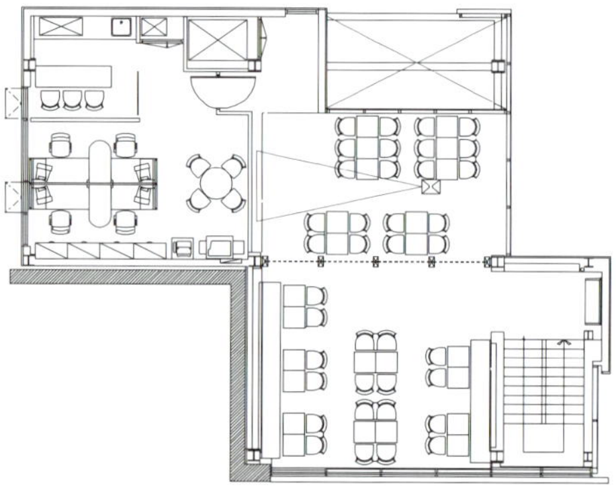

3楼平面图

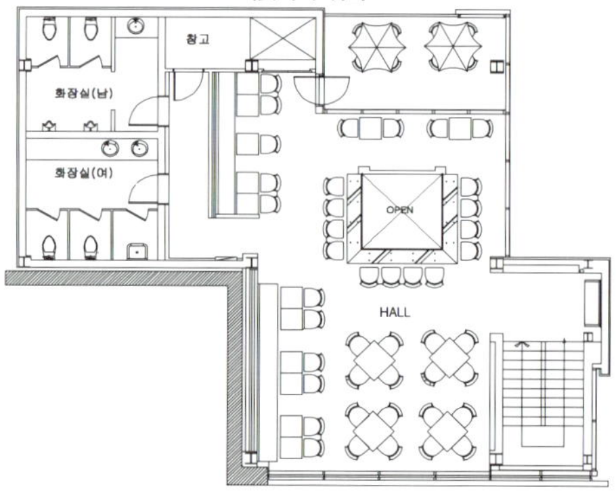

2楼平面图

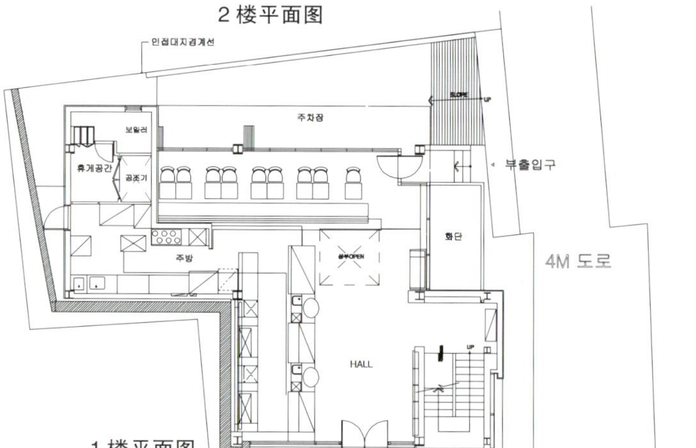

4M 도로

부출입구

1楼平面图

주출입구

LINN 咖啡与酒吧

Café & Bar LINN

Chung Young-han
Archiholic design atelier for experimentation

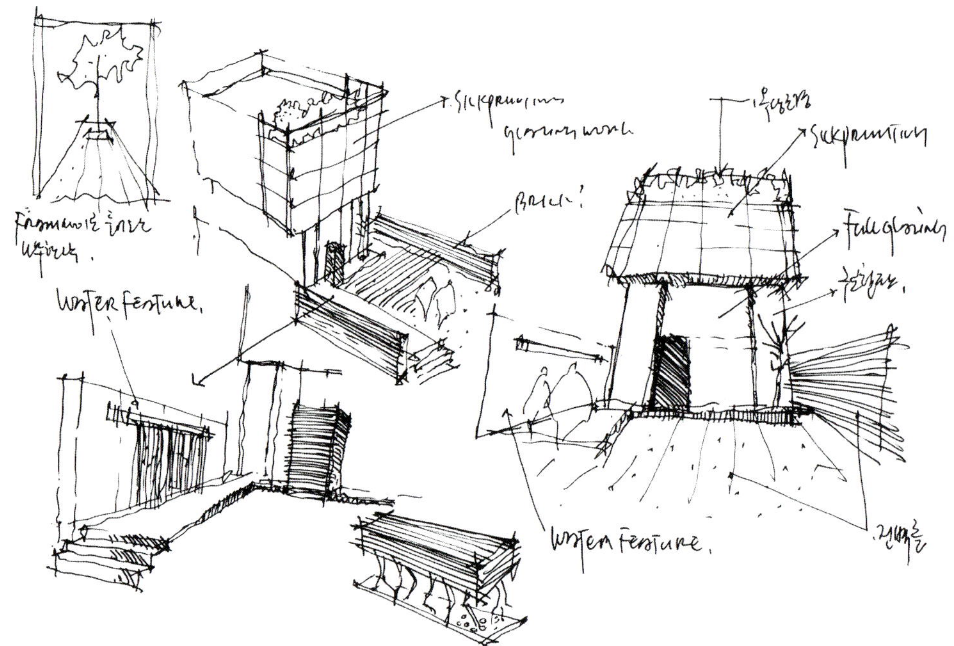

商业空间的主观解释是指视觉快感隐藏在何处，无论是内外空间所有的因素不是表现直接的感觉，而是通过隐隐约约、模模糊糊的印象不被轻易认知。无论是功能产物还是美学产物它都不涉及任何范畴，以模糊的形态出现，因此给人一种莫名的快感。

为了克服建筑物本身的非效率性功能，进行了整体功能改组，最终通过结构诊断撤除了一部分结构物。虽然收容了道路和位置现有的条件，但考虑整体性把1楼和2楼的一部分提高举架来实现透明度，并且重新设定主台阶，由于每楼层的地面面积不是很大，台阶、卫生间、厨房等功能空间在平面进行变更，与此同时进行了外部正面的设计工作。

若内部的现象和外部反映同时反射到店面将会发生什么样的事情呢？采用透明玻璃，在低层部分用4.5m以上的透明玻璃，高层部分用丝绸印花布帘。

建筑物左侧5米左右的桥概念的甲板是给顾客提供的特殊设计，可用在商业空间引起了意想不到的效果。桥状物左侧的铁板墙与右侧的砖墙这一自然素材形成强烈对比，墙高符合路过此甲板的顾客的视线高度设定，给人视觉上的舒适感。在外部形成的材料对比在内部也同样展现出来，台阶部分的铁板墙体和从2楼屋顶穿过平板吊挂着的墙面形成对比。起初想采用绒面革和多次烤炼制作的石蜡上反复涂漆形成的材料，但最终还是由铜板代替使用。内部3个楼层与台阶相互连接，看似护栏的墙体其实只是用于装饰，从地下厨房到3楼的运送食品的升降机大胆的露出来给功能性和装饰性之间赋予了模糊性。

明知道一味地追求某种新的可能性往往会受很多制约，更加忧虑的是作者个人的主观理念是否把初衷的设计意念全部给改变，但还是希望在表现想象行为之中我们能够窥探另一种丰富的一面。

本栏图片提供：郑永汉

位　　置：汉城市龙山区南永洞46-2
用　　途：商业/餐厅
面　　积：175.20m²
地域、地区：一般住宅区
规　　模：地下1层、地上4楼
延 面 积：348.98m²
表面材料：外部－铜铁板、丝绸印花玻璃、THK15钢化玻璃、砖瓦
地面－IK67瓷砖
墙壁－木板条、铜板
天棚－乳胶漆
设计、施工：Archiholic design atelier for experimentation

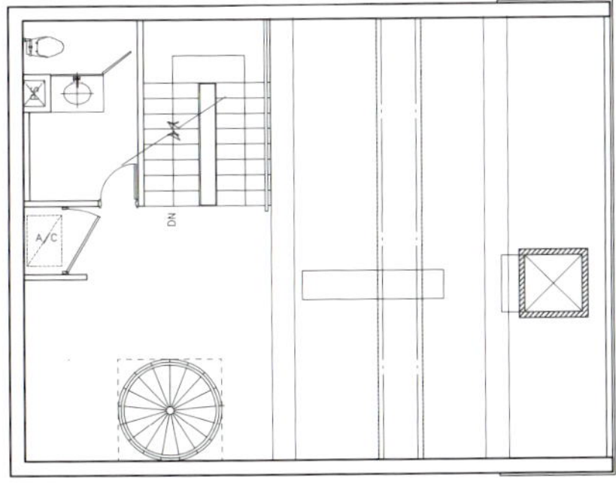

3楼平面图

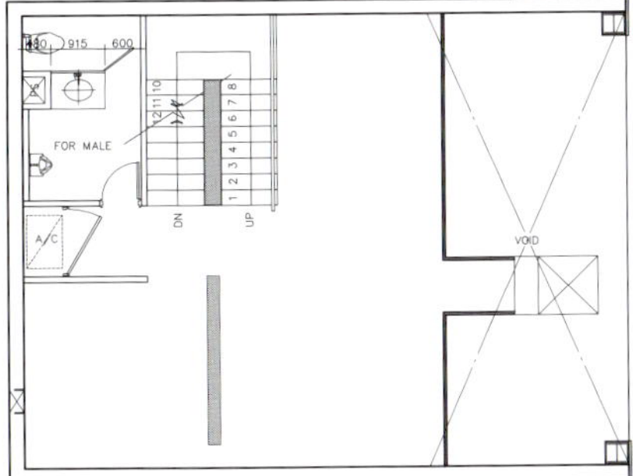

2楼平面图

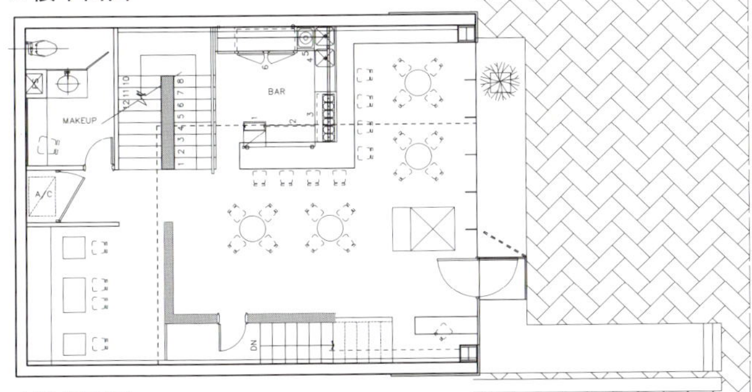

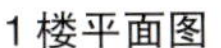
1楼平面图

Café Craighton's明洞店

Café Craighton's Myoungdong Avatar

（株）中央设计

Joong-ang Design co., ltd

"Café Craighton's" 世界品牌 UCC（Ueshima Co-ffee Company）的韩国区法人设立的咖啡专门店。大部分的海外企业通常策划好品牌名称和设计格调投入各国市场，但"Café Craighton's"由中央设计公司针对东南亚市场重新设计形象，在已有的主题风格上进行装饰设计只是"装修公司"所作的工作，但"Café Craighton's"不只是装饰还包括总体的形象设计。从店面制作和设计标记、菜单、小饰品以及餐巾纸都考虑到主调风格，下面介绍经过长时间的策划反复修正而完善的设计案。

本栏图片提供：（株）中央设计

最令人振奋的咖啡店：星球 Ciaighton 咖啡店

主要表现蓝山咖啡原产地牙买加以及旧金山的地区文化相容的设计方案，不同于传统咖啡店风格的独特性设计引导"Exciting café"的新文化。以加勒比海炽热的太阳为背景，表现旧金山和谐、精练的感觉，由于主顾客是追求时尚而活跃的女大学生以及 20 岁一代的上班族少女，因此把地点选定在明洞中心街，展示了表现力最强的空间流程和设计风格。

"Café Craighton's"是一个大自然

为了表现加勒比海的秀丽的自然风景以及乐观的生活情趣，以红、蓝、黄三原色和透明、精密的玻璃素材展示不被破损的大自然，通过素材的透明性打造企业品牌。

大自然和其中的人类文化以及对历史的现代化解释中寻找设计的意义，所有的文化和历史通过另类的文化和历史被不同形态解释或表现，通过宇宙大自然的不断进化和反复，人类将诞生并且其中人类将不断完善。大自然中的人类以及人类生存的方式和形态常常定义为文化，文化是大自然中人类进化的痕迹，并且可以说是带有进化属性的自然的一部分。

从这样的大自然属性着眼，在现代进化主题下分析研究了蓝山咖啡的本质属性和历史背景，把不被破损的原始大自然属性为主设计因素来探索了基本设计方向。

加勒比海炽热的太阳
辉映蓝天颜色的潺潺海波
无限伸展的绿色
炫耀的夕阳全景
无限水平线
无数星星坠落的天穹

位　　置：汉城市中区明洞 2 街 83-5
面　　积：261m²
表面材料：地面 - 陶瓷砖、玻璃砖、聚酯树脂
墙壁 - 彩色玻璃、砂岩、乳胶漆
天棚 - 乳胶漆、折合玻璃
设计时间：2001.6 ~ 2001.11
施工时间：2001.11 ~ 2001.12
设　　计：Joong-ang Design co., ltd.

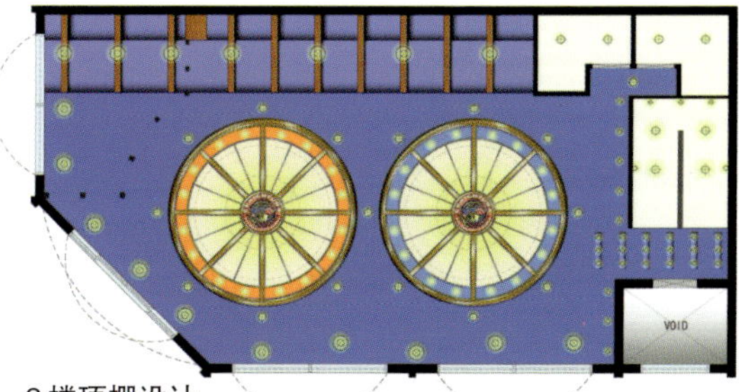

2 楼顶棚设计

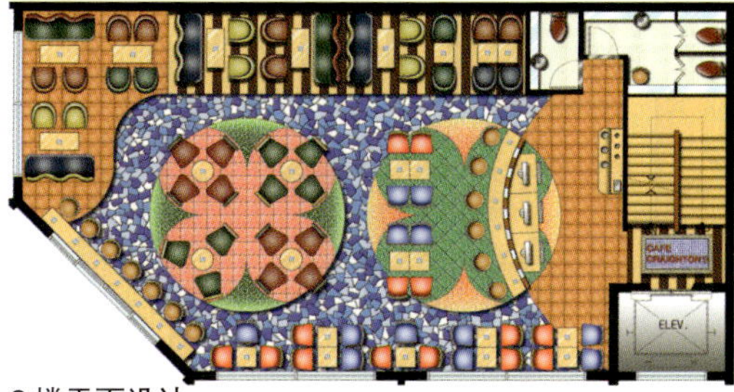

2 楼平面设计

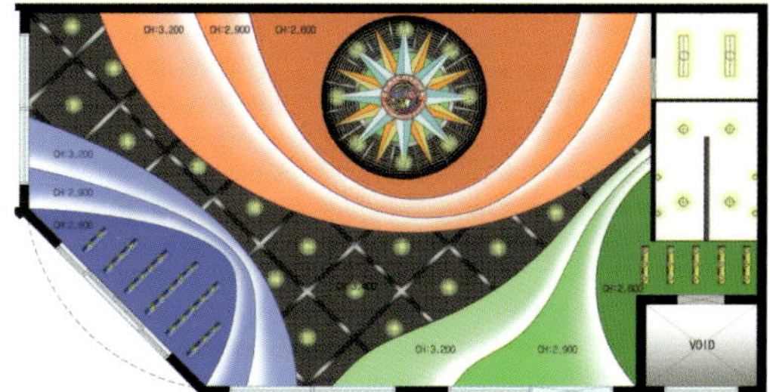

1 楼顶棚设计

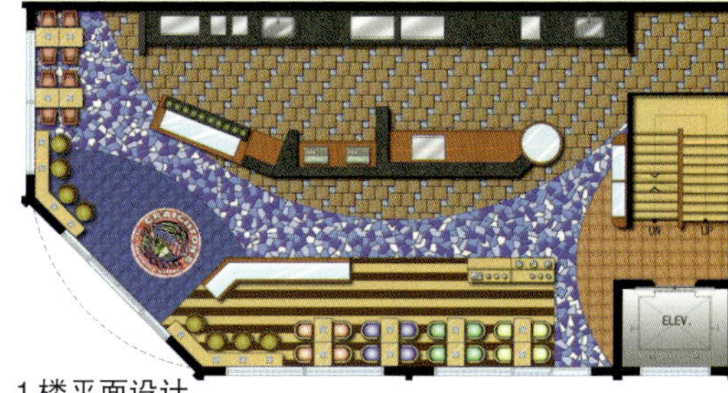

1 楼平面设计

指南

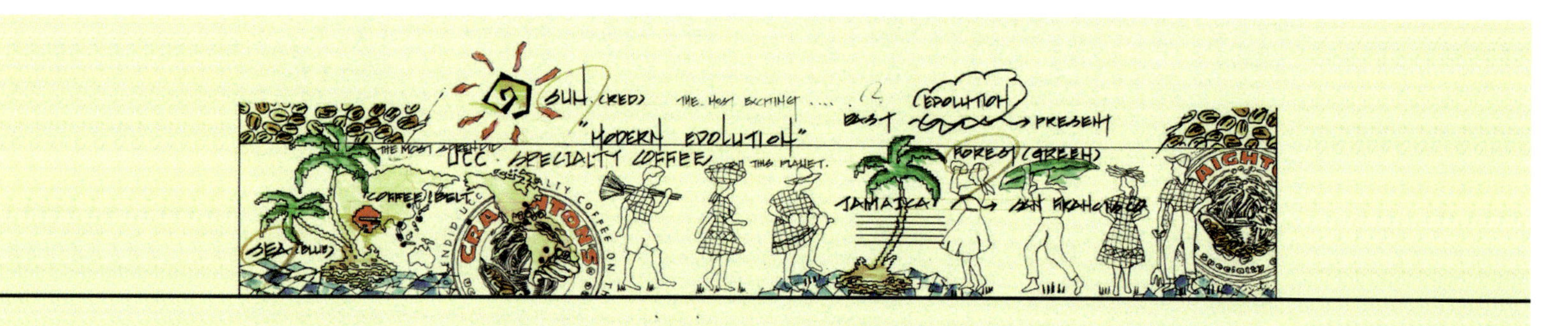

"MODERN EVOLUTION"
UCC SPECIALTY COFFEE
PRESENT
JAMAICA

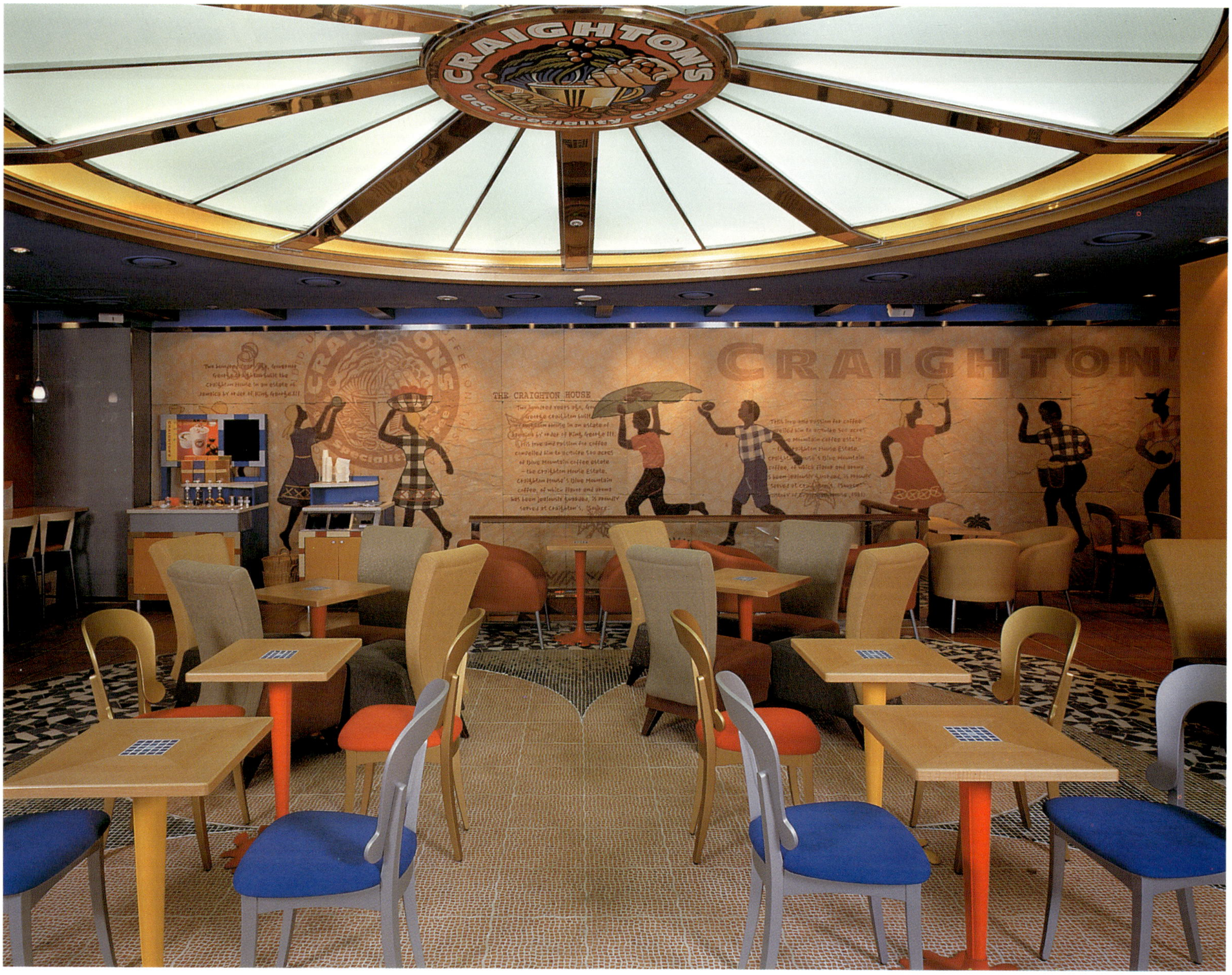
CRAIGHTON'S
UCC Specialty Coffee
THE CRAIGHTON HOUSE

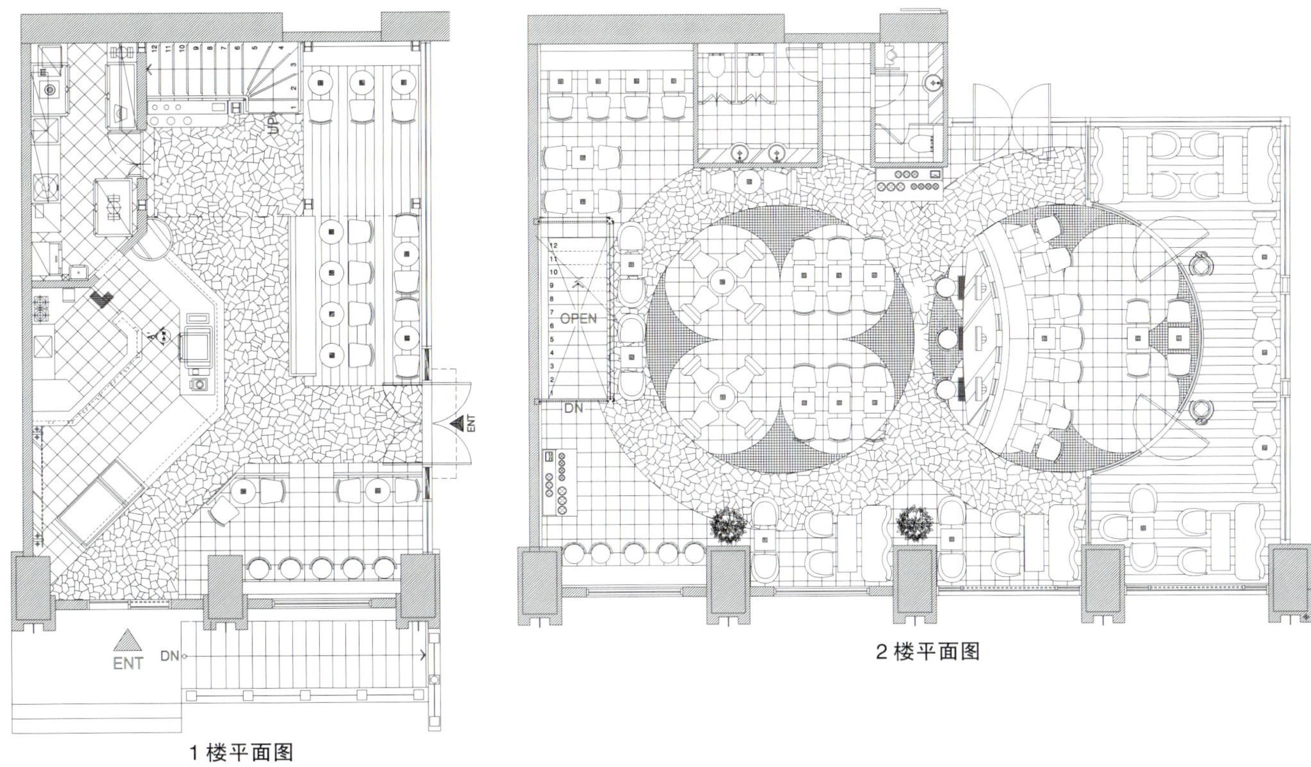

2 楼平面图

1 楼平面图

咖啡店 GOTHAM

Café GOTHAM

Kim Tae-young + Kim Joon-chul
MIM Design

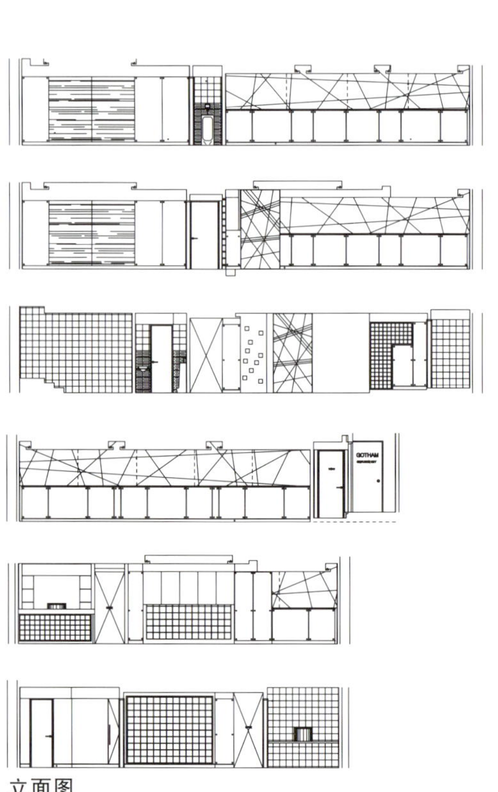
立面图

作为“BATMAN”电影背景舞台的GOTHAM市是纽约古城名，深厚的青色石也许是我们所处的状况，不，或许我们生活着的时代就是明与暗的对立，想通过Café GOTHAM缓冲和解这种对立的一面。

入口处上锈的铁板牌匾是模仿纽约空中轮廓线与哈得孙河形象化应用到整个线条系统，进入地下室的台阶感觉像进入电影世界场景。用背面照射的纽约空中轮廓线和玄关玻璃前的转角空间引导人们去想象室内的氛围，进入室内却想象之外，用明亮的暖色系材料装饰的地面、墙、天棚，每个结构还设置玻璃板块避免了室内氛围的单调，采用间接照明以轻柔的光线营造商业空间的特殊味道。墙体水泥表面质感和反射任何颜色的玻璃板块以及条纹木贴在玻璃上制作的间接照明等，通过多次的试验应用于直接制造的材料上，表现新鲜自然的感觉。

我们掌握业主的情趣、倾向往往是通过非伦理性的感觉思考体系的复杂语言、习惯和行动来进行，把符合其概念的设计方向置于非伦理性的感性设计。

为了表现美感和功能性，采用现代化材料，例如玻璃、不锈钢、水泥等，表现轻便、单薄、透明、未完成的自然和开放性概念。

位　　置：汉城市江南区清谭洞40-24

面　　积：141.9m²

表面材料：地面－大理石瓷砖、地毯

墙壁－涂厚红色、乳胶漆、织物、霜镜、胡桃纹木、红色涂料

天棚－乳胶漆

其他－玻璃板块、条纹木接合玻璃

施工时间：2002.7～2002.8

设计、施工：IMM Design

本栏图片提供：MIM Design

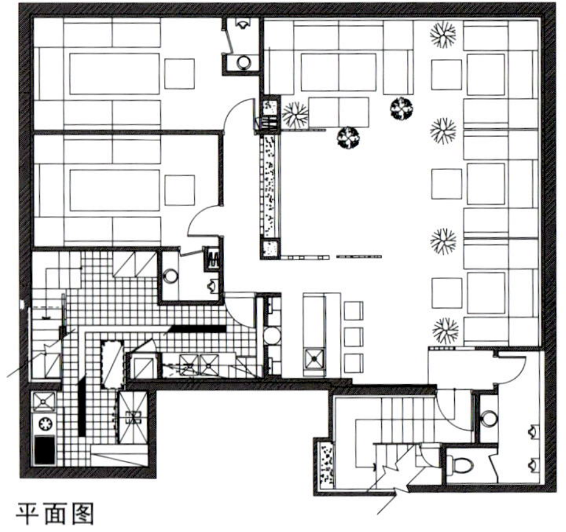

平面图

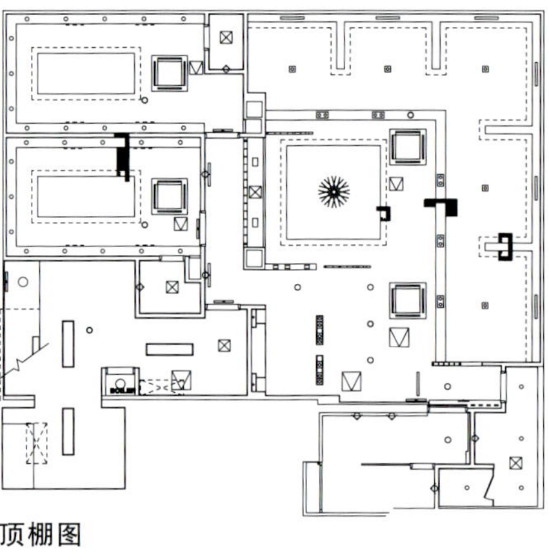

顶棚图

PEN
PEN

Kim Young-ohk
Rodmn A.I

3年前此地段作为综合文化空间名曰“TUBE”，这项工程和业主对于我曾具有重要的意义，也是我设计生涯中的转折点，由于这个建筑物增建为6楼，我花费5个月的时间进行施工。蕴含岁月痕迹的材料和随季节、风表现的自然变化，希望直到经历10年沧桑还存有那股回忆的芳香。

位于一楼的“PEN”，正面外部甲板通过酒红色砖墙一直连接到内部，像路灯一样的照明悠悠吊挂在棚顶，宛如露天咖啡厅一样悠闲自在。攀岩砖墙的青藤以美妙的生命力给静态的空间赋予轻柔的生气。

建筑物顶楼为“PEN”内部以吧台为中心。有一段时间植物在设计概念上被认为不必要的要素，而它敏感性魅力胜过复杂的装饰和点缀演绎出自由享受浪漫的新体验，玻璃和金属板的现代素材以及地点的敏感性特点所表现的是感性丰富的设计和自由的体验。建筑物整体统一为一个主题，但每个部分蕴含着各自不同的内容。建筑物正面通过玻璃的透明性充分地展示着生活和庆典活动，从而创造崭新的街道文化。

位　　置：汉城市江南区新沙洞654-5
面　　积：（地下1层）柱廊PEN211.8m²
（1楼）PEN211.8m²（3、4楼）办公楼 250m²
（5楼）办公楼 226.7m²（6楼）
规　　模：PEN 247.6m²
表面材料：地上6楼，地下一层
（地下1层）地面－木地板、瓷砖
墙壁－刷漆、夹丝玻璃
天棚－喷漆
（1楼）地面－木地板
墙壁－砖、特殊涂料处理
天棚－喷漆
（办公楼）地面－豪华瓷砖
墙壁－合板、夹丝玻璃、硬纸板、乳胶漆
天棚－露水泥
（PEN）地面－木地板、彩色水泥
墙壁－特殊涂料处理、条纹木、屏风
天棚－铝百叶窗板、喷漆
设计时间：2001.11～2002.2
施工时间：2001.12～2002.3
设计、施工：Rodemn A.I

本栏图片提供：Rodemn A.I

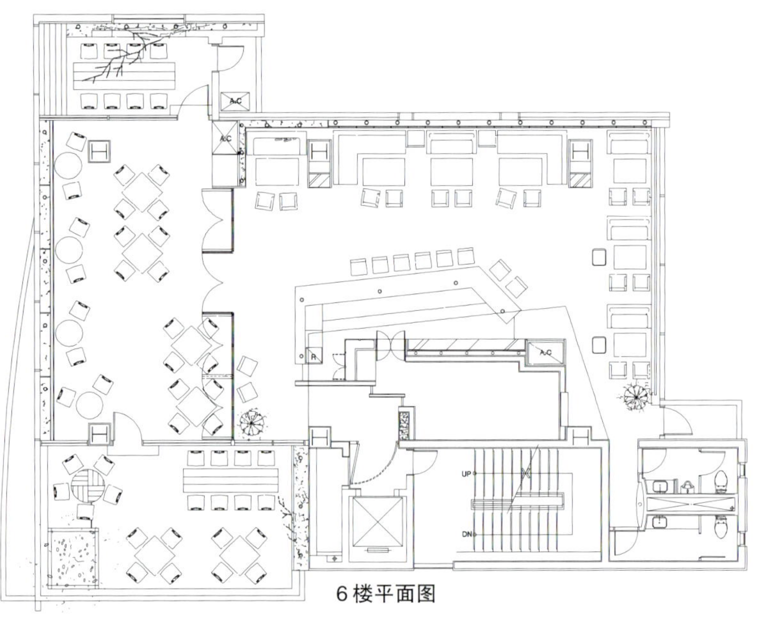

6楼平面图

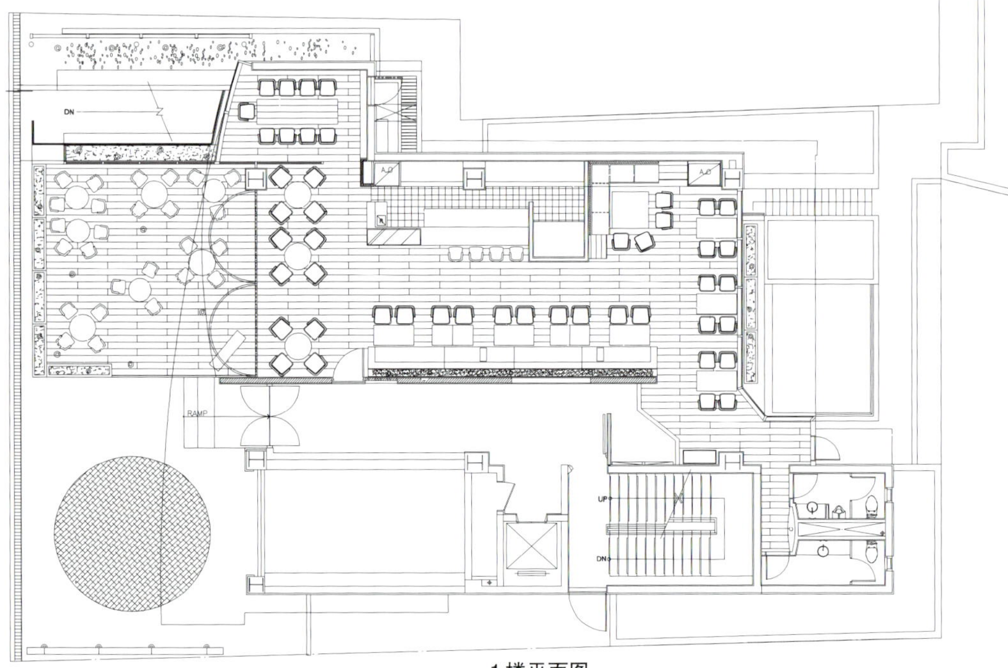

1楼平面图